MOEWIG
SACHBUCH

v. Buttlar

DER SUPERMENSCH

MOEWIG

Genehmigte Taschenbuchausgabe
Umschlagfoto: Sack
Umschlagentwurf und -gestaltung: Franz Wöllzenmüller, München
Verkaufspreis inkl. gesetzl. Mehrwertsteuer
Auslieferung in Österreich:
Pressegroßvertrieb Salzburg, Niederalm 300, A-5081 Anif
Printed in Germany 1981
Druck und Bindung: Mohndruck Graphische Betriebe GmbH, Gütersloh
ISBN 3-8118-3124-0

Inhalt

Auftakt

Die fünfte Genesis

...UND DANN GRIFFEN SIE TATSÄCHLICH ZUR GEWALT. EINE PARTEI FIEL ÜBER DIE ANDERE HER MIT CHEMIKALIEN, MIKROBEN UND MENSCHLICHEN ROBOTERN...

ERST NACH VIELEN FEHLSCHLÄGEN UND TROSTLOSEN EPOCHEN GESCHAH ES...

DASS DIE VIERTE MENSCHHEIT ENDLICH ZWEI INDIVIDUEN KREIEREN KONNTE, DIE FAST DEM TYP ENTSPRACHEN, WIE ER URSPRÜNGLICH GEPLANT WAR. SIE WURDEN UNTER LABORBEDINGUNGEN AUS NUR EINER EINZIGEN BEFRUCHTETEN EIZELLE GEZÜCHTET. IDENTISCHE ZWILLINGE BEIDERLEI GESCHLECHTS – ADAM UND EVA EINER NEUEN, GLORREICHEN MENSCHLICHEN RASSE.

DIE FÜNFTE MENSCHHEIT, VON DER MIT RECHT GESAGT WERDEN KANN, DASS HIER ERSTMALS DIE WAHREN MENSCHLICHEN PROPORTIONEN VON KÖRPER UND GEIST ERREICHT WURDEN...

LANGLEBIGKEIT UND EINE AUSSERGEWÖHNLICH SUBTILE GEHIRNSTRUKTUR...

SIE VERFÜGTE ÜBER UNBEGRENZTE ENERGIEQUELLEN...

UND BEWEGTE SICH ZWISCHEN DEN STERNEN...

frei nach Stapledon

Morgen – Grauen

Die unvergängliche Bestie

Stille – absolute, tödliche Stille. Keine Bewegung, kein Laut. Nicht der geringste Hinweis deutete auf Leben in diesem Chaos bizarr geformter Ruinen.

Am Horizont verschmolz das erste Morgengrauen mit der verbleichenden Nacht. Noch glitzerten weit entfernt teilnahmslos Sterne. Die Luft war vom Gestank undefinierbarer Chemikalien zersetzt.

Das Bild der leblos erstarrten Alptraumlandschaft war vollkommen – bis eine plötzliche Bewegung, eine Regung von Leben einbrach. Mühsam krochen zwei Gestalten auf Händen und Füßen zwischen wuchtigen Gesteinsplatten hervor. Atemlos standen sie schließlich auf und starrten sich in die verstaubten, gezeichneten Gesichter.

Endlich sagte der eine: „Sind Sie es, Lahn?"

„Hm."

„Der Futurologe?"

„Ja, ganz recht. – Und Sie sind der Journalist Frost."

„Ein Futurologe und ein Journalist ...", Frost sah nachdenklich vor sich hin.

„Als ob das jetzt noch eine Rolle spielt", sagte der korpulente Lahn und setzte sich resigniert auf einen Gesteinsbrocken.

Kopfschüttelnd folgte ihm Frost. „Ist denn wirklich nichts mehr übriggeblieben?"

„Wenn ich mich nicht täusche, sitzen wir auf einem Felsbrocken. Oder könnte es ein Meteorit sein?“

Prüfend tastete Frost die harte Fläche ab.

„Es ist Beton“, berichtigte er den Futurologen, „die Reste unseres Überlebensbunkers.“

Verloren starrte Lahn zum Horizont.

„Wer hätte gedacht, daß Freud mit seinem Destruktionstrieb... Ich hätte geschworen, sie würden es nicht wagen, die Welt zu zerstören. Meinen Sie, es ist überhaupt nichts mehr da?“

„Vermutlich nichts – außer uns. Wovon hatten wir doch gleich gesprochen – vor der Superbombe?“

„Vom Supermenschen. Von dem bisher noch nicht voll genutzten Großhirnpotential, wenn ich mich recht erinnere.“

Müde deutete Lahn auf die totale Zerstörung ringsum.

„Richtig. – Unsere Frage lautet also nach wie vor: Wie ist es möglich, daß ein so bescheidenes Gehirnpotential, wie es dem Menschen nach Jahrmillionen der Entwicklung zur Verfügung steht, derartig gewaltige Folgen zeitigt?“

„Vielleicht darum, weil der Mensch sein Gehirn nicht voll nutzen konnte.“

„Vermutlich. Aber jetzt ist es ohnehin zu spät.“

Und nach kurzem Schweigen fügte Frost mit einem Blick zum Himmel hinzu: „Eigentlich schade um die Menschheit.“

„Großartig sind die Sterne, für die der Mensch nicht zählt“, deklamierte Lahn, dem der Blick des Journalisten nicht entgangen war. „Doch ein wacher Geist ist der Mensch – von einem Stern geboren und durch einen Stern zum Sterben verurteilt. Er ist größer als jene leuchtenden, blinden Gefährten. Denn obwohl ihr Potential ungeheuer ist, hat der Mensch einiges geschaffen. Sein Ende kommt offenbar zu früh. Aber selbst wenn es mit ihm vorbei sein sollte, so verschwindet er doch keineswegs spurlos. ‚In der Unvergänglichkeit der Dinge bleibt er unvergänglich schön.‘ Von Stapledon – aus seinem Buch ‚Die letzten und die ersten Menschen‘“, erklärte Lahn dem verständnislos dreinschauenden Journalisten.

„Unvergänglich schön? Daß ich nicht lache! Für mich ist – oder besser war – der Mensch nichts als eine aggressive, reißende Bestie.“

„Nein, da muß ich Ihnen widersprechen, Frost. Es waren doch alle Voraussetzungen gegeben, daß sich der Mensch kraft seiner rationalen Einsichten zum Supermenschen entwickeln konnte. Bedenken Sie allein die ungeheure Entwicklung in Wissenschaft und Technik: von den Pyramiden zu den Wolkenkratzern; vom Ballonflug zur Mondlandung; von der Alchimie zur Herstellung der Kunststoffe und der Entdeckung der Antibiotika; vom Gesundbeter zur Organverpflanzung; von der ersten Urwaldtrommel zur Laser-Nachrichtenübermittlung.“

„Richtig. Vom ersten Speer zur Superbombe. Ich wünschte, ich könnte Ihren Standpunkt teilen“, sagte Frost ungeduldig.

„Aber Sie können doch nicht leugnen, daß der Homo sapiens großartige Fortschritte gemacht hat.“

„Das tue ich auch nicht; ich sehe nur wenig positive Seiten. Und Sie, Professor Lahn, sollten wirklich die Einseitigkeit dieser Entwicklung berücksichtigen.“

„Aber hat denn nicht jede neue Entdeckung zum allgemeinen Fortschritt beigetragen? So wurden zum Beispiel viele Seuchen besiegt.“

„Wodurch unser Organismus nicht mehr auf bestimmte Heilmittel reagierte.“

„Durch bequeme Transportmittel konnten wir uns anstrengende und zeitraubende Fußmärsche ersparen und –“

„– haben auf diese Weise – allein seit der Erfindung des

Autos – über 20 Millionen Verkehrstote zu beklagen", unterbrach Frost erneut.

„Haben Sie etwa auch Einwände gegen die Organverpflanzung? Die Intensivbehandlung Schwerkranker? Die großartigen neuen Mittel der Pharma-Industrie?"

„Selbst auf die Gefahr hin, daß auch wir uns als die einzigen Überlebenden noch entzweien, muß ich darauf bestehen, daß all das nicht als Fortschritt zu betrachten ist. Denn die oft katastrophalen Nebenwirkungen müssen mit einkalkuliert werden. Ich gehe sogar so weit zu behaupten, daß alle in unbeirrbarem Fortschrittsglauben geschaffenen Errungenschaften in Wahrheit eine Rückentwicklung darstellen."

Fröstelnd stand Lahn auf. Er wollte etwas erwidern. Doch dann sah er sich um und schwieg.

„Wahrscheinlich trägt eine verhängnisvolle Eigenschaft des Menschen die Schuld: als habe er Scheuklappen, verfolgte er eine bestimmte Linie und vergaß darüber andere, die das Gleichgewicht der Kräfte garantiert hätten", brach Frost das lastende Schweigen.

„Und doch hätte ein Gleichgewicht erreicht werden können", beharrte Lahn.

„Und wie hätte Ihrer Meinung nach die Menschheit reagieren müssen, um die Katastrophe – das Ende – zu verhindern?"

„Wie soll ich das wissen", sagte Lahn. „Vermutlich hätte der Mensch dazu anders, rationaler, konzipiert sein müssen. – Und das von allem Anfang an. In allen Phasen seiner erstaunlichen Entwicklung zum technologisch- und allgemein-wissenschaftlich fortgeschrittenen Lebewesen hat er doch nie gelernt, sich jene rationale Freiheit zu erobern, die allein eine volle Verantwortlichkeit sich selbst und den Mitmenschen gegenüber ermöglicht. Darin sehe ich die Hauptursache seines Versagens, das letztlich zur Katastrophe führen mußte. – Doch im Grunde waren es immer nur einige, die die anderen mit ins Verderben gerissen haben."

„Das ist richtig", antwortete Frost. „Bedauerlich ist nur, daß sie sich mitreißen ließen. Denn statt einer starken Persönlichkeitsstruktur besaß der Mensch den fatalen Hang zur Unterordnung und zum Gruppendenken. Und das war eine der entscheidenden Ursachen für die Inaktivität des einzelnen."

„Genau. Das Problem ist, daß wir alle die Richtung bestimmt oder doch zugelassen haben."

„Und Sie glauben, daß diese negative Entwicklung aufzuhalten war, selbst noch in unseren Tagen?" Frost stand auf und suchte in seinen Taschen nervös nach einer Zigarette.

„Ja, jedenfalls gab es eine Chance. Denn immerhin haben einige ihre warnende Stimme erhoben, was allerdings vom Establishment bewußt ignoriert wurde. Sie haben gewarnt, aber es war umsonst."

Lahn begann, alles, was brennbar schien, auf einem Haufen zusammenzutragen.

„Ich wünschte, wir könnten die Zeit noch einmal zurückdrehen", sagte Frost und hielt sein Feuerzeug an ein Stück Pappe.

„Zurückdrehen? Etwa bis zum Anfang?" fragte Lahn und sah zum Himmel, wo der Morgen aufdämmerte.

„Ja! Warum nicht bis zum Anfang, zum Ursprung!" rief Frost begeistert. Und wie die ersten Höhlenmenschen kauerten sie sich um das aufflammende Feuer.

Ursprung

Zeitreise ins Schwarze Loch

Wenn wir zum Beginn des Universums zurückkehren wollen, müssen wir einen gewaltigen Schritt in die Vergangenheit machen – einen Zeitsprung von etwa 18 Milliarden Jahren. Und auch dann wären wir im Grunde nicht am absoluten Anfang angelangt. Denn im kosmischen Sinn hat der Begriff Anfang wohl kaum eine Bedeutung. Aber wir können den ungefähren Zeitpunkt bestimmen, an dem unser Universum – zumindest theoretisch – „entstand".

Stellen wir uns vor, wir könnten die Zeit tatsächlich noch einmal zurückdrehen; wir wären Zeitreisende und bewegten uns in einer Zeitmaschine mit phantastischer „Geschwindigkeit" gefahrlos in die Vergangenheit. So schnell, daß wir nur größere Veränderungen wahrnehmen.

Es wäre sicherlich ein ungeheueres, aber auch furchterregendes Erlebnis. Denn wie in einem Zeitrafferfilm rücken Sterne und Galaxien näher und näher. Unser Sonnensystem wird zur kosmischen Staubwolke. Die Temperaturen steigen stetig. Und die Schwärze des Alls wird von den ringsum auf uns zukommenden Sternensystemen erhellt.

Aus zerfetzten, leuchtenden Materiewolken werden im Rücklauf ihrer Explosion Sternriesen, die sich dann schließlich wieder in diffuse, kosmische Staubwolken auflösen. Scheinbar aus dem Nichts – aus sogenannten Schwarzen Löchern – tauchen winzige Punkte auf, die zu gigantischen Gestirnen anschwellen. Aus allen Richtungen rasen die Galaxien auf uns zu und werden zu kosmischem Gas, das uns einhüllt – das mit uns zu einem unvorstellbar dichten Materieklumpen verschmilzt. Elementarteilchen, die zu einem einzigen gewaltigen Superatom verschweißen. Und damit haben wir die Stunde Null erreicht.

Vor etwa 18 Milliarden Jahren gab es in diesem Superatom weder Zeit noch Raum in unserem Sinn. Sie wurden erst durch den sogenannten „Big Bang", den Urknall, freigesetzt; eine Art Explosion, die nicht vom Zentrum ausging, sondern sofort den gesamten, komprimierten Urklumpen erfaßte. Und damit war der große Augenblick gekommen: Raum, Zeit, Materie und Energie – ineinander verwoben – wurden geboren.

Nach dem Urknall herrschte in dem relativ kleinen Universum noch nach Sekundenbruchteilen die unvorstellbare Temperatur von etwa 100 Milliarden Grad Hitze. Aber schon nach etwa 14 Sekunden war diese auf rund drei Milliarden Grad gesunken. Jetzt stabilisierten sich die ersten Materieteilchen. Nach weiteren drei bis vier Minuten, als sich die Hitze auf ca. eine Milliarde Grad „abgekühlt" hatte, bildeten sich dann die ersten Wasserstoff-Atomkerne. Aber in diesem Frühstadium unseres Universums überwogen erst einmal Elementarteilchen, wie die geisterhaften Neutrinos ohne Masse und Ladung, und deren unheimliche Spiegelbilder, die Antineutrinos.

Erst viel später – nach weiterer Ausdehnung und Abkühlung des Alls auf einige 1000 Grad, als das Gleichgewicht zwischen reflektierter Strahlung und Materie zerbrach – stießen Elektronen und Kernteilchen zu Wasserstoff- und Heliumatomen zusammen. Die Schwerkraft löste dann in den unregelmäßig verteilten kosmischen Gaswolken Wirbel aus, die zur Bildung der Sternensysteme – der Galaxien – führten. So entstanden schließlich Sonnen, Planeten und Monde.

Die Bildung der Galaxien war ein komplexer, zeitraubender Prozeß. Im Verlauf von etwa einer Milliarde Jahren gewann die Schwerkraft in den dichteren Gasschwaden die Oberhand und verhinderte deren weitere Ausdehnung. So verdichteten sich die Gaswolken langsam zu Vorläufern von Sternensystemen. Und in diesen entstanden durch einen ähnlichen Prozeß – Schwerkraft, Strahlung, Hitze, Druck und schließlich Kernfusion (das heißt die Verschmelzung von Wasserstoff- zu Heliumkernen) – Sterne, die Brutnester für kompliziertere Atome als Wasserstoff und Helium.

Die Galaxien formierten sich zu Gruppen, zu sogenannten Galaxien-Cluster. Spiralsysteme, zu denen u. a. auch unsere Milchstraße und der Andromeda-Nebel gehören, und elliptische Sternensysteme ohne Spiralarme bildeten sich.

Aber nicht alle kosmischen Gas- und Staubwolken formten sich zu Galaxien. Einige verblieben als gigantische heiße Wolken im intergalaktischen Raum und hüllen noch immer ganze Galaxien-Cluster ein.

Das Schicksal der Sterne in den Galaxien hängt in der Hauptsache von ihrer Größe ab. Denn je gewaltiger ein Stern ist, um so schneller muß er „sterben". Das liegt ganz einfach daran, daß sehr große Sterne sehr heiße Oberflächen haben, von etwa 14 000 bis 30 000° Celsius und daß sie daher ihren „Brennvorrat" – die Wasserstoffatomkerne – zu schnell aufbrauchen. Sobald nämlich ein solcher Sternriese „ausgebrannt" und die atomare Kettenreaktion erlöscht ist, sprengt er in einer ungeheueren Explosion seine Hülle ab. Damit wird eine „Supernova" geboren. Der Kern des Sterns kann dabei in sich selbst zu einer schnell rotierenden Kugel von nur wenigen Kilometern Durchmesser zusammenstürzen. Solch eine überdichte, kreiselnde Sternleiche besteht dann nur noch aus Neutronen. Sie baut ein überaus starkes, strahlungsintensives

Magnetfeld um sich herum auf, das regelmäßige Radiowellen-Impulse ausstrahlt. Ein solcher Neutronenstern wird daher Pulsar genannt.

Überschreitet allerdings der geschrumpfte, komprimierte Kern eines Sterngiganten eine bestimmte Grenze seiner Überschwere, kann er auch als Pulsar nicht weiterexistieren. Der Schrumpfungsprozeß setzt sich in diesem Fall unaufhaltsam fort, da die Schwerkraft sogar die Kernkraft besiegt. Die Folge ist eine nicht endende, totale Verdichtung, wobei sich die Raum-Zeit-Struktur an einer solchen Stelle des Universums immer tiefer „ausbeult" – bis ein sogenanntes Schwarzes Loch entsteht. Schwarz deswegen, weil nicht einmal mehr das Licht mit seiner Geschwindigkeit von 300 000 Kilometer pro Sekunde dieses ungeheure Gravitationsfeld verlassen kann.

Die in Schwarzen Löchern verschwundene Materie und Energie taucht mit großer Wahrscheinlichkeit an einem anderen „Ort", in einer anderen Raum-Zeit, mit kolossaler Vehemenz aus einem Weißen Loch wieder auf.

Geht der Ursprung unseres Universums vielleicht auf Weiße Löcher zurück? Und war dann der Zustand vor dem Big Bang etwa ein Schwarzes Loch?

Auf jeden Fall sind bereits während des Urknalls zahllose winzige Schwarze Löcher entstanden.

Mit Sicherheit kann man sagen, daß alle uns bekannten Naturgesetze in einem Schwarzen Loch auf den Kopf gestellt sind bzw. ihre Bedeutung verlieren. Aber im Endeffekt ist das ohne Belang für uns. Selbst wenn wir diese fremden Gesetzmäßigkeiten in einem Schwarzen Loch messen und untersuchen könnten, wäre es unmöglich, die gewonnenen Erkenntnisse in unsere Welt zurückzubringen und auszuwerten. Denn von dort gibt es kein Zurück. Schwarze Löcher sind Einbahnstraßen, in denen unsere Raum-Zeit zu Ende ist. Sie sind wahrscheinlich die Tür zu anderen, zu Paralleluniversen, die zu unbekannten Dimensionen führen.

Nun droht glücklicherweise nicht allen Sternen das traurige Schicksal eines kreisend-pulsierenden Sternkadavers – oder gar der dramatische Untergang in einem Schwarzen Loch.

Im Grunde genommen ist ein Stern nichts anderes als eine thermonukleare Explosion, die sich über eine längere Zeit erstreckt. Er wird durch die Schwerkraft zusammengehalten und genährt. Dabei ist seine Größe von ausschlaggebender Bedeutung, denn Schwerkraft und Temperatur müssen in einem bestimmten Verhältnis zueinander stehen, da er andernfalls entweder durch den Druck der Schwerkraft zerquetscht oder durch die Hitze auseinandergesprengt würde. Aber am Ende verlöscht sein atomares Feuer. Was die Größe anbelangt, so bedeutet Bescheidenheit für einen Stern langes Leben.

Kleinere Sterne blähen sich am Ende ihrer Lebensspanne zu sogenannten Roten Riesen auf, die dann ihre Hülle abwerfen, um eine Weile als glühende Weiße Zwerge zu überleben. Schließlich beenden sie ihr Dasein als vereiste Schwarze Zwerge, doch bis dahin vergehen immerhin noch 10 bis 15 Milliarden Jahre.

Viele dieser stabilen Sterne sind von dunklen Begleitern umgeben – ihren Planeten, von denen einige in die lebensfördernde Strahlung ihrer jeweiligen Sonne eingetaucht sind. Da ein Sternensystem aus unzähligen Sternen besteht – durchschnittlich sind es etwa 100 Milliarden –, existieren in einer Galaxie auch ungezählte Planetensysteme mit Abermillionen von Planeten, die aus den Strahlen ihrer zugehörigen Sonne Nutzen ziehen.

Diese Planeten haben sich zusammen mit ihrem Zentralstern – ihrer Sonne – aus kosmischen Gaswolken durch die Einwirkung von Schwerkraft und Strahlung verdichtet, wobei in vielen Fällen auch die Schockwellen einer Supernova-Explosion eine Rolle gespielt haben mögen.

Planeten werden besonders im Frühstadium oft von Meteoriten, hin und wieder auch Kometen, bombardiert. Diese setzen sich aus Wasser in Form von Eiskristallen, Kohlendioxid, Ammoniak und komplexen, chemischen Verbindungen zusammen. So gelangen organische Moleküle – wie z. B. Aminosäuren durch die Meteoriten – auf die Oberflächen der Planeten. Der Ursprung organischer Moleküle ist wiederum in den interstellaren Staubwolken zu suchen.

Auf vielen Planeten, die die entsprechende Größe, Atmosphäre und Temperatur besitzen, kommt es dann durch chemische Reaktionen der organischen Moleküle mit der Umwelt zur Entstehung von Leben. Und das passierte im Universum wahrscheinlich nicht nur millionen-, sondern viele milliardenmal. So auch in einem Vorort der Milchstraße, auf dem dritten Planeten des Sonnensystems – auf unserer Erde.

„Als ich vom Anfang sprach, dachte ich natürlich nicht gleich an kosmische Wolken, Schwarze Löcher oder den Big Bang, Professor. So weit wollte ich nicht unbedingt zurückgehen", sagte Frost und stocherte im Feuer herum.

„Aber wenn wir den Menschen begreifen wollen, müssen wir doch ganz von vorn anfangen, beim Ursprung alles Existierenden. Sie können doch nicht bestreiten, Frost, daß auch wir Ergebnis jenes Urknalls sind – genau wie unsere Erde, die Sonne, die fliehenden Galaxien und alles andere. Nur so können wir unsere Situation, die Nichtigkeit und tragische Würde der Spezies Mensch erfassen."

„Und trotzdem glauben Sie an den Supermenschen?" fragte Frost. „Ja, natürlich", Lahn lächelte versteckt, „denn jetzt, wo wir die Zeit zurückgedreht haben, kann er ja noch entstehen."

Kräftespiel

Strickleiter zur Ewigkeit

Das Universum mit all seinen Galaxien, Planetensystemen und verschiedenen Lebensformen verdankt seine Existenz einem gewaltigen Spiel der Energien. Denn ohne nukleare, elektromagnetische und Gravitationskräfte gäbe es kein Sein. Die Erde wäre nie entstanden, und die Bausteine des Lebens hätten sich nicht zu komplexen Strukturen – zu Leben – vereint.

Ohne Schwerkraft würde die Erde ihrer Sonne entfliehen – würden wir selbst kopfüber von ihrer Oberfläche in den Abgrund des Alls stürzen.

Vor etwa fünf Milliarden Jahren hat sich die Sonne aus einer rotierenden kosmischen Wolke gebildet. Aus dem sie umgebenden Gas- und Staubring formten sich dann unter dem Einfluß von nuklearen, elektromagnetischen und Gravitationskräften u. a. auch feste Körper, die sich schließlich zu Planeten zusammenballten. So entstand dann vor etwa 4,7 Milliarden Jahren auch die Erde als Teil des Planetensystems unserer Sonne.

Terra ist ein relativ kleiner, mineralischer Planet mit einem verhältnismäßig hohen spezifischen Gewicht. Während der Umlaufbahn um ihren gelben Stern, die Sonne, dreht sich die Erde gleichzeitig etwas mehr als 365mal um die eigene Achse. Sie ist ein elastischer, an beiden Polen leicht abgeplatteter Planet mit einer Achse, die nicht etwa senkrecht auf ihrer Bahnebene zur Sonne steht, sondern dazu einen Winkel bildet.

Aus diesem Grund ist die Sonnenbestrahlung der Erdoberfläche im Lauf des Jahres auch nie gleichmäßig (Jahreszeiten!). Am deutlichsten zeigt sich dieser Unterschied an den eisbedeckten Polen; am Äquator ist er am wenigsten spürbar.

Den größten Teil der Erdoberfläche bedecken heute Wassermassen – die Meere, die allerdings – relativ zum Durchmesser der Erde – nicht sehr tief sind. Eine verhältnismäßig dünne Gasschicht, die jetzt vorwiegend aus Sauerstoff, Stickstoff, Wasserstoff nebst Kohlensäure und Helium besteht, hüllt den „blauen“ Planeten ein.

Dort, wo durch die Wechselneigung der Erdachse zur Sonne die Strahlung intensiver ist, antwortet die Vegetation mit verstärktem Wachstum. Ist die Sonnenintensität jedoch geringer und das Tageslicht kürzer, sinken die Temperaturen entsprechend ab. Allerdings sind die Lebensbedingungen auf der Erde nicht nur in bezug auf die Jahreszeiten, sondern auch je nach Breitengrad – von Pol zu Äquator zu Pol – sehr unterschiedlich. Und darum ist Terra nicht unbedingt ein ideal lebensfreundlicher Planet.

Dennoch haben sich in seiner 4,7 Milliarden Jahre währenden Existenz die mannigfaltigsten Lebensformen entwickelt: vom einfachen Einzeller bis zu den sogenannten hochorganisierten, warmblütigen Säugetieren. Leben gibt es überall – in und auf der Erde, im Wasser und in der Luft. Leben, das vom riesigen, inzwischen ausgestorbenen Brachiosaurus (einer Riesenechse der Saurierklasse) bis zu Daseinsformen reicht, die überhaupt nur durch äußerst komplizierte Apparaturen für das menschliche Auge sichtbar gemacht werden können.

Aber was ist Leben überhaupt?

Ist es das Lächeln eines Delphins?

Das nachdenklich besorgte Gesicht einer Orang-Utan-Mutter?

Das vom Tod gezeichnete zerfurchte Antlitz eines greisen Menschen?

Der betäubende Duft von Jasmin?

Ist es die kristalline Struktur eines Virus unter dem Elektronenmikroskop?

Die Verbindung der Grundessenz des Lebens – der zwei wichtigsten Substanzen – Nucleotidae und Protein, also Eiweiß?

Leben, wie wir es kennen, beruht auf der Wechselwirkung dieser beiden Gruppen biochemischer Verbindungen, den Nukleinsäuren und den Proteinen. Die Nukleinsäuren selbst setzen sich neben Zucker aus vier Basen zusammen: Adenin, Guanin, Cytosin, Thymin und zusätzlich Phosphat. Dagegen bestehen – bis auf seltene Ausnahmen – die Proteine aus 20 verschiedenen Aminosäuren. Und durch die unzähligen Permutationsgruppierungen dieser Grundkomponenten werden letztlich die mannigfaltigsten Lebensformen mit ihren zahllosen Erscheinungsbildern bestimmt.

Der erste Schritt – die Formierung der „Bausteine" zu den ersten Mikroben – war einfach überwältigend. Die Entwicklung von der Mikrobe zum Menschen war demgegenüber fast trivial.

Und dennoch verging vom geologischen Ursprung der Erde bis zum ersten primitiven Leben nur eine verblüffend kurze Zeitspanne. Denn mit Sicherheit existierten bereits vor beinah dreieinhalb Milliarden Jahren Stammformen von Bakterien und Blaualgen. In anderen Worten, die ersten Zellstammformen entstanden schon etwa eine halbe Milliarde Jahre nach der Bildung von Krustengestein und Wasser auf der Erde.

In seinem Frühstadium war dieser Planet einem ungeheuren Spiel der Kräfte – Spannung, Druck, Bewegung – in seinem Inneren sowie an seiner Oberfläche ausgesetzt. Die Entstehung von Leben wurde vor allem durch die Verteilung von Land- und Wassermassen beeinflußt. Es ist aber auch möglich, daß es anfangs nur eine einzige Landmasse gab, die dann in Teile – die seitdem auseinanderstrebenden Kontinente – zerbrach. Die treibende Kraft hierfür ist u. a. auch die Hitzeentwicklung durch radioaktiven Zerfall im Erdmantel.

Das Verhalten der frühen Erdkruste ist in mancher Hinsicht mit dem Schrumpfungsprozeß einer alternden Orangenschale zu vergleichen. Unter der Erdkruste zerbrachen im Lauf der Zeit Kontinente wie Eisschollen. Sie trieben dahin, stießen hin und wieder zusammen und türmten sich auch zu Gebirgen auf. Der junge Planet Erde hatte ungeheure Veränderungen seiner Oberfläche zu überstehen. Diese Umwälzungen verursachten eine furchterregende, giftdampfende, ruhelose Umwelt, die aber trotz allem günstige Bedingungen für die Entwicklung von Leben bot. Erdbeben verursachten Risse, Erdspalten und Höhlen. Flußläufe wurden gebildet und veränderten sich wieder, rissen mit ihren Wassermassen Sand, Geröll und Salze in die Ozeane. Aus tiefen Meeresarmen wurden flache Wassertümpel oder gar Wüsten. In den ausgedörrten Gebieten sonderte sich indes das Salz in kristalliner Form ab; und in aufgerissene Gesteinsspalten schwemmte herabstürzendes Wasser Ton.

Die Urmeere und die Uratmosphäre der Erde bestanden wahrscheinlich u. a. aus Kohlenstoff, Methan, Ammoniak, Schwefelwasserstoff und Wasserdampf. In den Tümpeln dieser Urwelt lösten dann ultraviolette Strahlen, Gewitterblitze und Radioaktivität chemische Reaktionen aus, durch die sich die einfachsten organischen Moleküle bildeten, die dann von Ton, Kristallen und anderen Mineralien aufgenommen wurden. Zusätzlich gelangten auch noch durch Meteoritenbeschuß organische Bausteine auf die Erdoberfläche.

Die organischen Moleküle vereinten sich durch ihre elektrische Ladungsverteilung zu geordneten Molekularverbänden. Anschließend sonderten sie sich in Form winziger Tropfen als unabhängige Molekularsysteme ab. Da sie in einer Lösung verschiedenartigster organischer Verbindungen und anorganischer Salze schwammen – der sogenannten Ursuppe –, absorbierten sie periodisch einige dieser Stoffe. Und damit war wohl der erste primitive Schritt zum Stoffwechsel getan.

Mit der Abtrennung der Urzelle von ihrer Umwelt vollendete sich in der Entstehung des Lebens der großartigste und zugleich notwendigste Schritt. Denn von nun an mußte sie lernen, ihre Umgebung zu differenzieren. Mit der Bildung von trennenden Membranen war das Individuum geboren, und der Kampf ums Überleben hatte begonnen.

Selbst wenn in absehbarer Zeit in allen Einzelheiten nachgewiesen werden kann, warum und auf welche Weise Materie sich verbunden hat, um die Fähigkeit der Informationsspeicherung, der Differenzierung und der Vermehrung zu erlangen, so wird dies doch immer ein Ehrfurcht gebietender Vorgang bleiben. Und wenn dieser Prozeß auch durch die Beschreibung einfacher chemischer Reaktionen erklärt und im Labor nachvollzogen werden kann, ändert das nichts an der Tatsache, daß die Natur hier eine ihrer großartigsten und erstaunlichsten Leistungen zustande gebracht hat.

Leben bedeutet Energieaufwand – zur Entstehung, Erhaltung und Vermehrung. Diese Kräfte werden durch die Kombination der biochemischen Substanzen Adenin, Zucker und Phosphorsäuren konzentriert. Damit hat der Energieträger ATP (Adenosintriphosphat) entscheidend zur Entwicklung des Lebens beigetragen. Dieses ATP spielt als wichtigster Energiespeicher im Stoffwechsel der Organismen eine Schlüsselrolle. Denn durch Enzyme (Proteine) wird eine Art

Gärungsprozeß ausgelöst, der durch Zerlegung von Kohlenhydraten Energie freisetzt, die durch ATP gespeichert wird. Es kann deswegen auch vorausgesetzt werden, daß Polyphosphate wie ATP bei der Entstehung der ersten Organismen (etwa virusähnlichen Gebilden) als Energiequelle dienten.

Durch einfache Polyphosphate konnten sich Nukleinsäuren, Proteine und auch Kohlenhydrate bilden. Diese Phosphate entstammten wahrscheinlich der Umwelt. Nachdem sich dann proteinähnliche Katalysatoren entwickelt hatten, waren Organismen in der Lage, die Synthese ihrer Polyphosphate mit Hilfe dieser Enzyme selbst zu vollziehen.

Mit der Entstehung eines Steuerprogramms für die Proteinsynthese waren die Erhaltung und der Fortbestand des Lebens gesichert. Entlang der Nukleinsäurestränge formte sich schließlich ein immer umfassenderer Steuercode, der als feste Vorlage, sozusagen als Matrize, die Bildung komplementärer Programmstränge unterstützte. Dieser Programmstrang ist der „weiße Faden“ in der Geschichte des Lebens.

Die Grundform dieses Steuerprogramms ähnelt einer mikroskopisch dünnen, verdrehten Strickleiter. Ihre abwechselnd aus Phosphat- und Zuckermolekülen bestehenden „Holme“ winden sich spiralförmig umeinander; und ihre „Leitersprossen“, die aus den vier Nukleotid-Basen Adenin, Cytosin, Guanin und Thymin bestehen, verbinden jeweils zwei der gegenüberliegenden Zuckermoleküle. Durch die in bestimmten Reihenfolgen am Nukleinsäurestrang angeordneten Nukleotiden sind alle Erbinformationen eines Organismus wie in einem Bauplan festgelegt. Dieser Strang wurde letztlich durch Programmänderung – durch Mutation und Evolution – zum Urheber des Homo sapiens. Und so ist jeder Mensch durch einen hauchdünnen Faden DNS (Desoxyribonukleinsäure) an die erste irdische Lebensregung gebunden. Auf und Nieder –

Versuch und Irrtum – Segnungen und Flüche eines Milliarden Jahre andauernden Überlebenskampfes sind in diesem DNS-Faden festgehalten. Er bestimmt unser Aussehen und unsere Konstitution und setzt die Grenzen unserer Möglichkeiten fest. Er bedeutet Fortbestand oder Untergang – das Erbe für die Nachfahren.

Die Evolution wurde durch zwei elementare Triebkräfte bestimmt: Ernährung und Fortpflanzung. Organismen, die diesen „Gesetzen" nicht entsprachen, mußten fähigeren Lebenssystemen weichen.

Vor etwa eineinhalb Milliarden Jahren ergab sich die Tatsache, daß sich die Zellen nach ihrer Teilung nicht mehr vollständig trennten und damit Mehrzeller bildeten – ein Wendepunkt in der Entwicklung des Lebens. Möglicherweise waren diese ersten „Abarten" die Folge von Mutationen. Bereits nach kurzer Zeit hatten diese entwickelten Lebensformen den aus natürlichen organischen Stoffen bestehenden Nahrungsvorrat aufgebraucht. Indem aber der Nahrungsnachschub mit Hilfe der Photosynthese, die wahrscheinlich schon die Einzeller verwendeten, sichergestellt werden konnte, wurde der Untergang des Lebens verhindert. So bestimmten schon im frühen Entwicklungsstadium unterschiedliche Nährmethoden die Artenaufteilung in Tiere und Pflanzen. Primitive Organismen neutralisierten in der Photosynthese die Energie des absorbierten Lichts und produzierten so aus anorganischen Substanzen organische Nahrung.

Wahrscheinlich setzte die Photosynthese auf der Erde schon vor drei bis vier Milliarden Jahren ein. Diese Annahme könnte nicht zuletzt mit dem Fund von „biologischem" Kohlenstoff in Fossilien zusammenhängen, welche in den ältesten Sedimentschichten des südafrikanischen Barbeton-Berglandes in der

Onverwacht Strata ans Tageslicht kamen. Da alles irdische Leben auf Kohlenstoff basiert, kann durch diesen Fund auf das Frühstadium der Entstehung des Lebens geschlossen werden.

Die Photosynthese setzte den notwendigen Sauerstoff frei, der durch die ultravioletten Strahlen der Sonne in Ozon umgewandelt wurde. So entstand im Lauf der Zeit in der höheren Atmosphäre eine Ozonschicht, die die entwickelteren Lebensformen vor ultravioletter Strahlung schützten; im Gegensatz zum Frühstadium der Erde, in dem diese Strahlung eine lebensfördernde Aufgabe zu erfüllen hatte.

Die Evolution bedeutet ein Kräftespiel. Und nur die Fähigsten konnten eine veränderliche Welt bewältigen, konnten sich anpassen und somit überleben. Es war ein weiter, abenteuerlicher Weg bis zur Menschwerdung. Er führt vom Urwesen der präkambrischen Ära über wirbellose Formen, silurische Fische, Amphibien, karbonische und permische Reptilien zu Beutel- und Plazentatieren, über die Halbaffenstufen des Tertiärs zum Ramapithecus. Dieses äffische Wesen stieg aus den schützenden Baumwipfeln in die von Raubkatzen und Huftieren bevölkerte Steppe zur Nahrungssuche hinunter. Aber dieser Abstieg sollte den Aufstieg des Menschen einleiten.

Wendepunkt

Abstieg in die Vernunft

Warum stieg unser Urahn, der Ramapithecus, vor etwa 15 Millionen Jahren aus den für ihn so bequemen Baumkronen in die Steppe hinunter? War doch bis dahin alles, was sein Herz begehrte, dort oben vorhanden. Er brauchte nur seine langen, haarigen Arme auszustrecken, um nach Früchten oder Nüssen zu angeln, seine Speisekarte durch Eier oder Jungvögel aus dem nächsten Nest zu bereichern oder sich mit Blättern garnierte Käfer, Raupen und Insekten einzuverleiben.

Doch dann waren die Zeiten härter geworden. Denn mit klimatischen Veränderungen hatte sich der Urwald gelichtet, war teilweise ganz verschwunden. Und damit gehörte die vorher so reichhaltige Speisekarte des Ramapithecus wohl auch der Vergangenheit an. Er stand vor einer wichtigen Entscheidung. Es hieß, entweder oben kärglich weiter zu vegetieren oder unter Gefahren im Steppengras nach Wurzeln und Körnern, Würmern und Käfern zu suchen.

Wahrscheinlich hangelte sich anfangs ein mutiges Männchen in die neue Dimension – ins hohe Steppengras – hinab, begleitet von den aufgeregten Lauten der Großfamilie, die den abenteuerlichen Abstieg aus den Baumwipfeln ängstlich beobachtete. Nach und nach folgte dann der Familienverband. Die Ausflüge wurden ausgedehnter, denn das Nahrungsangebot war reichlich. Allerdings mußten sich diese äffischen Wesen immer wieder im hohen Steppengras auf die Hinterbeine stellen – aufrichten –, um nach Beute, jungem hilflosem Getier, auszuschauen und um vor den ständig lauernden Gefahren durch Raubkatzen auf der Hut zu sein. Zudem mußte die erlegte Beute nach Hause getragen werden, und das hieß, auf zwei Beinen zu laufen.

Ramapithecus gab also seinen Baum – seinen Garten Eden – auf und damit auch ein relativ friedliches Dasein. Als sein Gehirn ihn schließlich veranlaßte hinunterzuschauen, blickte er zugleich auch in die Zukunft und erahnte Neues.

Mit seinem Abstieg verließ Ramapithecus sein Paradies auf Nimmerwiederkehr. Am Boden sammelte er neue Erfahrungen, begegnete Gefahren und wurde, um zu überleben, selbst gefährlich. Langsam schritt er der Menschwerdung entgegen.

In der Evolution des Lebens war neben der Entstehung des Gehirns ein körpereigener Thermostat in den Warmblütern ausschlaggebend. Denn durch die nunmehr ständige Temperaturregelung wurden die biochemischen Prozesse im Organismus unterstützt und damit seine Höchstleistung garantiert.

Für vielzellige Organismen war die Entstehung des Gehirns ein entscheidender Schritt zur weiteren, höheren Entwicklung. Bei ihnen bildete sich ein Kontroll- und Koordinationssystem, das mit der Fähigkeit ausgestattet ist, lebenswichtige Informationen im Organismus zu empfangen und auszusenden. Diese Steuerzentralen – Ballungen von Nervenzellen – geben über Nervenleitungen Nervenimpulse an die Zellverbände weiter. Mit diesen Nervenzellen etablierte sich gleichzeitig die Basis des menschlichen Gehirns – der Hirnstamm. Von diesem ältesten und auch anatomisch untersten Teil aus erfolgt die Steuerung der lebenswichtigen Stoffwechselfunktionen, werden Ruhe- und Aktivitätsphasen des Organismus reguliert.

Mit der Struktur, Form, Größe und dem Gewicht des

Gehirns steigerten sich seine Möglichkeiten – sein Potential. Gewissermaßen zwang es Ramapithecus in die Steppe hinunter. Es veranlaßte viele Millionen Jahre später seine Nachfahren, das erste Höhlenfeuer zu zünden und – an der Geschichte des Universums gemessen nicht einmal einen Augenblick später – die Atombombe. Es ersann die Saturnrakete für eine Landung auf dem Mond und den operativen Eingriff in das Gehirn, um seine Persönlichkeit zu verändern.

Nachdem sich vor etwa einer Milliarde Jahren das Zwischenhirn in den höheren Tierarten entwickelt hatte, erfolgte hier die Speicherung der instinktiven Verhaltensweisen. Auf diese Weise sind auch im menschlichen Zwischenhirn jahrmillionenalte, vererbte Verhaltensprogramme festgehalten, die unser Denken und Handeln unbewußt bestimmen.

Der großartigste Schritt in der Evolution vollzog sich vor rund 500 Millionen Jahren mit der Bildung des Großhirns. Die etwa drei Millimeter dicke Großhirnrinde mit ihren mehr als zehn Milliarden Nervenzellen ist die Basis von Vernunft und Unvernunft sowie das Fundament der persönlichen Identität. Große Partien der Hirnrinde sind völlig ungenutzt – „leer“. Das bedeutet, daß hier keine Verhaltensmuster programmiert sind. Als wichtige Reserve stehen diese Partien für die Konfrontation mit neuen Umwelteindrücken und Erfahrungswerten zur Verfügung. Sicherlich haben Erfahrungsreize zu maßgeblichen Veränderungen des Gehirns beigetragen. Denn dramatische, einschneidende Erlebnisse führen zu biochemischen Reaktionen im Gehirn, und so bilden sich mit der Zeit neue Synapsen, also neue Nervenverbindungen.

Vor etwa acht Millionen Jahren gabelte sich der Weg des Ramapithecus. Die eine Linie führte über den Dryopithecus africanus zu den Menschenaffen – zum Gibbon, Orang-Utan,

Gorilla und Schimpansen; die andere über den Australopithecus afarensis, einen etwa 1,20 Meter großen, zierlichen Zweibeiner, zum Homo habilis, der bereits Werkzeuge benutzte. Dann kamen der Homo erectus, der Cro-Magnon-Mensch und danach schließlich wir.

Es scheint so, als ließe sich die Entstehung des Menschen in wenigen knappen Sätzen umreißen: ein paar lateinische Namen, ein paar Zwischenstufen tauchen auf, und schon sind wir beim Menschen. Doch der volle Umfang dieses dramatischen Vorgangs, der sich über Millionen Jahre hingezogen hat, übersteigt bei weitem unsere Vorstellungskraft.

Es fing mit der Herausforderung zunehmender Dürre an, der Auseinandersetzung mit einer neuen Umwelt, dem Übergang vom Affen zum aufrecht gehenden Raubaffen.

Wer von uns könnte sich heute schon in die Gefühle eines Australopithecus afarensis nach dem ersten erfolgreichen Beutezug, vor knapp vier Millionen Jahren, zurückversetzen? Übrigens bedeutet Australopithecus Südaffe, während afarensis sich auf die äthiopische Afar-Region bezieht, wo der amerikanische Anthropologe Donald C. Johanson im November 1974 die drei Millionen Jahre alten Skelettreste einer jungen, etwa zwanzigjährigen Frau ausgegraben hatte, die er Lucy taufte. Dieser aufrecht gehende Menschenvorfahr hatte zwar noch einen affenartigen Schädel mit starken Eckzähnen, aber sein Körperbau war mit relativ kurzen Armen durchaus menschenähnlich.

Ganz ohne Zweifel spielte die Jagd in der Menschwerdung eine Rolle, und sie war für den Vorläufer-Menschen durchaus problematisch, denn er war anderen, größeren Lebewesen in bezug auf Körperstärke und Schnelligkeit deutlich unterlegen. Ihm war nur dann Erfolg beschieden, wenn er zusammen mit Artgenossen auf die Jagd ging. Dazu waren jedoch Eigenschaften erforderlich, die nicht von vornherein gegeben waren, sondern durch Erfahrung – Versuch und Fehlschlag – entwikkelt und perfektioniert werden mußten. So entstanden z. B. die Fähigkeiten zu planen, zu organisieren, zu koordinieren und zu kommunizieren. Es hieß, Zusammenhänge zu erfassen, Lösungsmöglichkeiten in Erwägung zu ziehen und die immer notwendiger werdende sprachliche Verständigung zu verbessern. Intelligenz mußte die körperliche Unterlegenheit wettmachen.

Die Jagd brachte den Zwang zur Nutzung von Hilfsmitteln mit sich – einen Knochen, einen Knüppel, um Beute zu erlegen; einen scharfkantigen Stein zum Zerlegen. Und das war wohl der Beginn der – wenn auch noch schwerfälligen – Handhabung von Werkzeugen. Der Homo habilis hantierte vor zweieinhalb Millionen Jahren in Ostafrika bereits mit zweckmäßig zugerichteten Kratz-, Schabe- und Schlagsteinen, dabei war sein Gehirn noch nicht einmal halb so groß wie das menschliche heute mit seinen durchschnittlich 1450 Kubikzentimetern. Das Gehirnvolumen des Homo erectus hatte sich dann vor etwa 600 000 Jahren schon auf 1100 Kubikzentimeter vergrößert. Dieser direkte menschliche Urahn mußte ein hartes Leben führen. Er wurde im Durchschnitt kaum 20 Jahre alt, suchte Schutz in Höhlen und erwärmte seine kalten Nächte durch Feuer, das zu zünden er gelernt hatte.

Die Menschwerdung war ein dynamischer Prozeß, dessen Bedingungen die Natur diktierte. Die Notwendigkeit der Anpassung schuf wichtige Wendepunkte. Dieser Herausforderung stellte sich der Urahn des Menschen mit Erfolg. Er stand auf, packte zu mit seinen Händen und improvisierte. Er benutzte sein Gehirn, um nach Identität zu suchen, und wurde sich so seiner Identität bewußt.

Aufbruch

Grundpfeiler der Menschheit

Der Mensch kann auf verschiedene Art definiert werden: als soziales Wesen; als vernunftbegabtes Individuum; als spärlich behaartes, aufrecht gehendes Säugetier, das durch sein differenzierendes Gehirn und die Fähigkeit, in Worten zu denken und zu sprechen, gegenüber den Tieren eine Sonderstellung einnimmt. Auch das Vermögen der Distanzierung ist dem Menschen eigen; d. h. er kann sich seiner Umwelt als Subjekt gegenüberstellen, von ihr Besitz ergreifen und ist darüber hinaus in der Lage, außerhalb seiner Instinktsteuerung zu handeln. Rein chemisch gesehen, besteht er aus 62% Sauerstoff, 21% Kohlenstoff, 10% Wasserstoff, 3% Stickstoff, 1,4% Calcium, 0,64% Schwefel und einigen Spuren-Elementen. Doch diese einfachen chemischen Substanzen bilden erst durch ihre besonderen Reaktionsbereitschaften, ihre Mischung und räumliche Anordnung etwas Besonderes – den Menschen.

Im Grunde war dieses tierische Wesen schon wegen seiner körperlichen Unterlegenheit gegenüber vielen Tieren nicht dazu prädestiniert, die Erde zu beherrschen; und dennoch übt es absolute Macht auf seinem Planeten aus. Durch die manuelle Geschicklichkeit und funktionelle Differenzierung seines Großhirns wurde der Mensch dazu in die Lage versetzt. Denn erst durch Eigenschaften wie Anpassungsfähigkeit, Auffassungsgabe, Improvisationstalent und Imitationsvermögen wurde er zum genialen Opportunisten und Schnorrer an der

Natur. Seine Fähigkeit, sich an die unterschiedlichsten Lebensbedingungen anzupassen, haben ebenso wie seine Neugier und sein Wandertrieb dem Menschen dazu verholfen, sich über den ganzen Globus auszubreiten.

Schon in ihrer Frühzeit zogen die Menschen über gewaltige Entfernungen, und obwohl es nur verhältnismäßig wenige von ihnen gab, so lebten sie doch weit verbreitet. Noch vor einer Million Jahren in Afrika angesiedelt, waren sie bereits etwa 200 000 Jahre später bis nach Java vorgedrungen. Vor rund 400 000 Jahren breiteten sie sich fächerförmig in nördlicher Richtung aus, mit der westlichen Begrenzung in Europa und der östlichen in China.

Im Norden hatte seit Jahrmillionen ein gemäßigtes Klima geherrscht. Doch ausgerechnet mit dem Beginn dreier aufeinanderfolgender Eiszeiten siedelte sich der Homo erectus in Nordeuropa und in China an. Der sogenannte Peking-Mensch, der in Höhlen lebte, unterhielt bereits vor etwa 400 000 Jahren Lagerfeuer, wie wir aus Funden wissen. Mit dem sich dreimal in südlicher Richtung ausbreitenden und wieder zurückweichenden Eis veränderten sich auch Umwelt und Klima drastisch, und damit natürlich auch die Lebensbedingungen.

Nach dem Ende der zweiten Eiszeit, vor mehr als 200 000 Jahren, trat der krummbeinige Neandertaler in Erscheinung – eine ausgestorbene Nebenlinie des Homo sapiens, die in einer Sackgasse endete. Denn der Neandertaler gilt für keine der späteren Entwicklungsformen des Menschen als Stammvater. Sein Spitzgesicht mit dem fliehenden Kinn und einer flachen Stirn wurde durch wuchtige Augenwülste noch unterstrichen. Doch sein Gehirn war schon verhältnismäßig groß. In seinen religiösen Vorstellungen haben offenbar Kannibalismus und Bärenkult eine Rolle gespielt. Es wird jedoch vermutet, daß er durch seinen späteiszeitlichen Zeitgenossen, den ihm waffentechnisch und sprachlich überlegenen Cro-Magnon-Menschen, ausgerottet wurde.

Dieser Cro-Magnon-Mensch war mit seinem fast zwei Meter hohen Wuchs außergewöhnlich groß. Seine Stirn war breit und hoch; er hatte ausgeprägte Backenknochen und ein energisches Kinn. Seine Gehirnschale war größer als die des heutigen Europäers. Alles in allem muß er gut ausgesehen haben. Von seiner Kreativität zeugen nicht nur handwerklich vorzüglich gearbeitete Steinwerkzeuge, sondern vor allem auch seine Höhlenmalereien. Hier hat er mit unglaublicher Sicherheit Tiere und Jagdszenen festgehalten. Er lebte in den verschiedensten Gegenden von Europa, Asien und Afrika.

Die prähistorischen Höhlenmalereien zeigen, daß sich die Evolution der Gattung Mensch nicht gleichmäßig vollzogen hat. Denn im unerbittlichen Konkurrenzkampf zwischen stärkeren und schwächeren Kulturen überlebten sehr oft jene mit dem besseren Anpassungsvermögen. Darüber hinaus sieht es so aus, als hätten beim Wettstreit von Artverwandten im gleichen Lebensraum die Anpassungsfähigsten gerade diejenigen verdrängt, die ihnen am ähnlichsten und, genetisch gesehen, am nächsten verwandt waren. Andere, entfernt verwandte Arten hatten daher viel eher eine Überlebenschance, da sie nicht im direkten Konkurrenzkampf miteinander standen. Hier ging es um einen Überlebenskampf, bei dem der Sieger den Zweitbesten entweder ausrottete oder sich mit ihm vermischte, kreuzte. Der Sieger schließlich konnte auf diese Weise überleben und sich separieren.

Die Menschen hatten damals in einem begrenzten Lebensraum einen außerordentlich harten Lebenskampf zu bestehen, der ihnen nur eine relativ kurze Lebensspanne beschied. Sie bildeten einzelne Gruppen, die untereinander kaum Kontakt hatten. Auf diese Weise entwickelten sich zahlreiche Sprachgruppen, die zunächst einmal selbständig und von anderen Sprachen unabhängig existierten. Erst mit der Kontaktaufnahme zu Menschen anderer Sprachen und Sitten ergab sich die Notwendigkeit zur Verständigung, zum Sprachaustausch. Nach kriegerischen Auseinandersetzungen übernahm der Sieger oft Sprache und Kultur des Besiegten, da das stärkere Volk in vielen Fällen auch das primitivere und jüngere war.

Zahlreichere und engere Kontakte zwischen den verschiedenen Völkern vertieften schließlich die Kenntnisse über andere Sitten, Sprachen und Lebensgewohnheiten. Später trugen dazu auch noch rechtliche, wirtschaftliche und kriegerische Beziehungen bei. Die heute erkennbaren Hauptsprachgruppen sind wohl aus verschiedenen Ursprachen ohne einen gemeinsamen Ursprung entstanden.

Die schmale Brücke, auf der das menschliche Wesen seiner Verwirklichung entgegenschritt, wird von den Grundpfeilern der Menschwerdung getragen – dem Wort, dem Denken und der individuellen Trennung von seinesgleichen. Und damit tauchte zum erstenmal die menschlichste aller Fragen auf: die Frage nach dem WARUM. Denn der Denkprozeß führt den Menschen zur Reflexion seiner selbst. Diese fundamentale Frage zog weitere Probleme nach sich, die Frage nach dem zureichenden Grund, nach der Ursache. Ohne Zweifel ist mit dieser Frage die Trennungslinie zwischen Mensch und Tier gekennzeichnet. „WARUM?" wurde aus der Überwindung der Instinktschranke heraus gefragt. Um Mensch zu werden, mußte diese Frage gestellt werden. Solange die Frage nach dem Warum im Realen, Beweisbaren oder im Selbstbeweis bleibt, wird eine überzeugende Antwort zumindest mit der Zeit möglich sein. Das heißt, daß sich der Mensch hier durchaus im Bereich seiner Möglichkeiten bewegt. Hat er doch schon verhältnismäßig früh die ihm gegebenen körperlichen Kräfte und Fähigkeiten durch Werkzeuge vervielfacht.

Schon die Menschenaffen, vor allem die Schimpansen, haben sich der originellsten Werkzeuge bedient. Sie verwenden z. B. abgerissene Baumäste als Prügel. Das setzt jedoch keineswegs kausales Denken voraus, sondern bedeutet nur eine Verlängerung des Schlag- und Greifarms. Anders ist dagegen die Herstellung der ersten kombinierten Werkzeuge zu werten. Bereits der frühe Steinzeitmensch entdeckte die unterschiedliche Härte und Kerbfähigkeit von Steinen. Er schlug sie gegeneinander und fertigte auf diese Weise sogenannte Faustkeile. Als er diese dann gar durchbohrte und an Stöcken befestigte, nutzte er zum erstenmal bewußt die Hebelwirkung, und er schuf Hammer und Beil. Schon hier geht es um eine echte Kausalreihe. Denn die Überlegung bei dieser Fertigungsmethode heißt: Der verlängerte Schlagarm mit dem daran befestigten Faustkeil ermöglicht es, aus diesem Faustkeil und dem längst bekannten Stock ein neues Werkzeug herzustellen, das vielseitig verwendet werden kann.

Den Menschenaffen ist eine solche Kausalreihe mit der daraus folgenden Herstellung eines neuen Werkzeuges nicht gelungen. Doch der Mensch wandte die Kausalität nicht nur auf seine reale Umwelt, sondern auch auf sein Gefühlsleben an. Er übertrug tatsächliche Gegebenheiten und Notwendigkeiten seiner tagtäglichen Welt auf die seiner Vorstellungen.

Phänomene, die sich für ihn in keine Kausalreihe, also in keinen ersichtlichen Zusammenhang von Ursache und Wirkung stellen ließen, versuchte der Mensch zumindest mit Hilfe mystisch-magischer Vorstellungen zu erklären. Da alles Nützliche für ihn gut war und alles Schädliche böse, fing er an, sogenannte Moralbegriffe (gut – böse), mit den rein materiellen Kategorien (nützlich – schädlich) gleichzusetzen. Und damit kamen bereits subjektive Überlegungen ins Spiel, die dem reinen Sachverhalt nicht mehr gerecht werden konnten. Der Mensch begann, die Welt vom menschlichen Standpunkt aus zu beurteilen und einzuteilen. Zugleich schuf er sich eine Vorstellungswelt, die von den Tatsachen deutlich getrennt war. So erfaßte er beispielsweise nicht die wahren Zusammenhänge von natürlichen Ereignissen, wie Gewitter und Sturm, Hitze, Blitze oder Kälte. Und da er sich nur nach seinen Sinneseindrücken richten konnte, sah er in solchen Naturphänomenen Botschaften unbekannter Mächte – von Göttern und Dämonen –, die ihm weit überlegen waren. In seiner Vorstellung entstand daher eine zweite, weit gewaltigere Welt als seine eigene, zwar unerreichbar für ihn und dennoch mit der seinen verbunden. Damit fing er auch an, über das Ende seines Lebens nachzugrübeln, und er ersann dafür den Begriff Tod. Und da der Tod unabänderlich schien, wurde er zur absoluten Größe.

Aus dieser Überlegung heraus hat der Mensch den Tod mit Macht versehen und ihn personifiziert. Aber durch seinen Selbsterhaltungstrieb wurde er gleichzeitig gezwungen, sich gegen dieses Phänomen bis zum letzten zu wehren. Um diesen inneren Zwiespalt auszugleichen, sann er auf einen Ausweg: Er erklärte sein „Ich“ in Form der Seele für unsterblich, um so die Kontinuität, die seinem Körper versagt war, zu garantieren.

Dennoch versuchte der Mensch der hohen Steinzeitkulturen auch noch den Körper selbst zu erhalten. Dafür legen die raffiniertesten, bis heute überlieferten Mumifizierungstechniken beredtes Zeugnis ab. Jene Menschen lebten in der Vorstellung, nach dem Tod in eine gedachte Welt einzugehen. Als immaterielle Wesen würden sie dort ein Dasein führen, das ihrem weltlichen Leben entsprach. Aus dieser Überlegung entwickelte sich die Jenseitsvorstellung als ein Überschreiten der Grenzen des Bewußtseins. Diese neue Welt wurde Jenseits genannt, weil man sich vorstellte, daß es am unbekannten Ufer eines Flusses oder Gewässers liegt; um dorthin zu gelangen, mußte das Wasser überquert werden.

Diese Welt war jedoch nicht nur von Göttern und Dämonen bewohnt – von Vater- und Muttergöttern, hierarchisch geordnet nach Rang und Namen, bis hinunter zum ärgerlichen kleinen Dämon –, sondern auch von den Seelen der Verstorbenen.

In den Schilderungen vieler Völker gleicht dieses Jenseits immer dem eigenen Diesseits. Es stellt eine Projektion der materiellen Welt in eine immaterielle Unendlichkeit dar, in der die vom Menschen allmählich entdeckten Begriffe von Raum und Zeit keine Bedeutung haben. Es ist eine Welt der Götter (oder eines einzigen Gottes), welche dem Menschen entweder als Schöpfer, Helfer und Beschützer oder aber als Geister, Dämonen, Teufel und Richter entgegentreten – getreu dem Bild ihres diesseitigen Lebens. Eine solche Jenseitsvorstellung entwickelte sich nicht etwa aus dem Verstand des Menschen, sondern allein aus seiner Gefühlswelt. Daher appelliert auch jede Gottes- oder Götterverehrung zunächst einmal an Gefühlsvorstellungen. Denn der menschlichen Ratio sind derartige Bilder absolut unverständlich. Die Vernunft überprüft Zustände, die sie abwägt und mißt, objektiv.

Der Mensch sah sich von Gefahren umgeben, die sein Leben bestimmten. Wetterunbilden machten seinen Ackerbau zunichte. Dann gab es dürftige Jagdperioden. Er fiel mysteriösen Krankheiten zum Opfer, hatte unerträgliches Zahnweh, bohrenden Kopfschmerz und Bauchgrimmen. Er wurde von wilden Tieren zerrissen, starb durch Unfälle oder geriet in Stammesfehden. Das ganze Universum schien sich gegen diesen armseligen, sich abrackernden Menschen verschworen zu haben – ein ewig launisches, feindseliges Universum.

Daher überrascht es kaum, daß ein großer Teil menschlicher Energie, in prähistorischen Zeiten und auch später, darauf verwendet wurde, die entsprechenden Rituale auszuarbeiten, um das Universum zu befrieden und möglichst „unter Kontrolle“ zu bringen. Dieses Ritual der Vermittlung zwischen Mensch und Gott oblag dem Stammesältesten, dem Schamanen, dem Medizinmann, dem Magier, dem Seher oder Priester. Wenn das Leben des Menschen auch hart und kurz war, so wurde ihm durch seinen Schamanen oder Priester doch Hoffnung auf ein Leben nach dem Tod zuteil. Dennoch war dem Menschen stets schmerzhaft bewußt, daß mit dem Ende seines irdischen Lebens zumindest eine Phase seiner Existenz abgeschlossen würde – auch bei einer möglichen Kontinuität nach dem Tode.

Wissenschaftler kamen aufgrund der Erkenntnis, daß alle Lebewesen eine spezifische, maximale Lebensspanne haben, zu folgendem Schluß: Der Alterungsprozeß mit seinem tödlichen Ausgang muß entweder absichtlich oder versehentlich genetisch programmiert sein. Aber vieles spricht für das absolute Gegenteil: Altern und Tod könnten nämlich genauso darauf zurückzuführen sein, daß ein genetisches Programm fehlt, mit dem das Überleben nach der Fortpflanzungsperiode garantiert werden könnte. Wären Altern und Tod jedoch wichtige Ausleseprinzipien, um die Chancen der Ältesten im Konkurrenzkampf mit den Jüngeren zu verringern, dann müßten sich nach der Fortpflanzungsperiode notwendigerweise destruktive Gene entwickeln, um den Verfallprozeß zu beschleunigen. Wissenschaftlichen Erkenntnissen zufolge sind aber Langlebigkeit und eine verlängerte Fortpflanzungsperiode von selektivem Vorteil. In lebenden Organismen gehen zahllose Instandsetzungsarbeiten vor sich, die degenerativen

Prozessen entgegenwirken. Die wenigen „destruktiven“ Gene beschäftigen sich allem Anschein nach mit der Beseitigung von Zellen, die in den frühen Entwicklungs- und Wachstumsphasen gebraucht werden, später aber überflüssig sind. Alle Anzeichen deuten also darauf hin, daß Altern – anstatt das Ergebnis genetischer Befehle zu sein – viel eher die Wechselwirkung einer Reihe von degenerativen Prozessen ist, die durch natürliche Auswahl aufeinander abgestimmt sind. Zu diesen Schlußfolgerungen gelangte jedenfalls der amerikanische Gerontologe Richard Hochschild aufgrund langjähriger Forschungsarbeiten.

Der Alterungsprozeß scheint also eine ungewollte Beigabe der sonst recht anpassungsfähigen Evolution zu sein; und ihre Einwirkung auf das Altern war gegenüber anderen evolutionären Einflüssen viel zu schwach. De facto hat die Evolution das Altern übersehen. Denn die nachteiligen Folgen dieses Vorgangs werden erst nach der Fortpflanzungsperiode spürbar. Das heißt, sie liegen außerhalb des Wirkungsbereichs des Auswahlprinzips und sind somit für dieses unbedeutend.

Wir altern, weil der natürliche Ausleseprozeß keinen Schutzmechanismus gegen degenerative Vorgänge aufbauen kann, deren Hauptauswirkung sich erst in der Zeit nach der Zeugungsperiode zeigt. Jedes Gen, das die Fortpflanzungsphase durch Verzögerung des Todes verlängert, hat einen selektiven Vorteil. Infolgedessen müßte ein Antrieb vorhanden sein, um innerhalb jeder Spezies einen Mechanismus gegen das Altern zu installieren. Um die spezifische Lebensspanne der Arten erklären zu können, muß ein Mechanismus gefunden werden, der sich der natürlichen Tendenz, die Fruchtbarkeitsperiode zu verlängern, widersetzt.

Der prähistorische Mensch wurde infolge von Infektionen, Unfällen und natürlichen Feinden kaum älter als 30 Jahre.

Wahrscheinlich ist darin auch der Grund für das Fehlen eines Mechanismus gegen das Altern zu suchen, mit dessen Hilfe die meisten von uns über 80 Jahre alt werden könnten.

Zahllose Studien an prähistorischen Skelettresten zeigen, daß die Mehrzahl der damals lebenden Menschen Glück hatte, wenn sie überhaupt 25 oder 30 Lebensjahre erreichte. Von 39 Neandertalern wurden z. B. nur vier 40 Jahre alt. Einer von ihnen wurde sogar 50. Von 119 paläolithischen Menschen überschritten 13 das 40. Lebensjahr, und zwei wurden über 50 Jahre alt. Die Lebenserwartung der vorklassischen Griechen betrug bei ihrer Geburt 18 Jahre, während die Römer durchschnittlich mit 22 Lebensjahren rechnen konnten. Im übrigen geht aus demographischen Berechnungen hervor, daß ein Viertel aller Menschen, die jemals 65 Jahre alt wurden, in unserem Zeitalter leben oder gelebt haben.

Offenbar haben die evolutionären Kräfte, die den Menschen gestaltet haben, kein Auswahlprinzip vorgesehen, das das Überleben nach dem 30. Lebensjahr gewährleistet. Der moderne Mensch altert also, weil seine Gene keine Informationen darüber enthalten, wie er über ein Alter hinaus, das seine Vorfahren nicht einmal erreicht haben, weiterleben soll. Folglich vollzieht sich der Alterungsprozeß nicht aufgrund eines vorhandenen Programms, sondern vielmehr in Ermangelung eines solchen.

Altern und Tod prägten die Menschheit und ihre Weltanschauung. Aber der Tod war nicht nur Strafe oder Erlösung für den Menschen, sondern auch Quelle der Inspiration und treibende Schöpfungskraft.

Mit Beginn der Zivilisation war der Mensch offenbar davon überzeugt, daß seinen Möglichkeiten keine Grenzen gesetzt seien. Denn sonst hätte er sich wohl kaum in abenteuerliche Unternehmungen verstrickt, um den Göttern gleich zu werden.

Denn dieser Wunsch hat den Menschen schon immer beseelt, und er war für ein solches Anliegen stets empfänglich, wie man dem 4000 Jahre alten „Gilgamesch Epos“ entnehmen kann: Es wird hier von Utnapischtim erzählt, dem Vorfahren des Gilgamesch und dem einzigen unsterblichen Wesen auf Erden, und von der langen, abenteuerlichen Reise mit Engidu, dem Gefährten, auf der Suche nach einem Mittel zur Verlängerung des Lebens und zur Überwindung des Todes. Als Gilgamesch nach einem gefahrvollen Weg endlich Utnapischtim findet, erfährt er von diesem, daß das ewige Leben ein Privileg der Götter ist, auf das der Mensch keinen Anspruch hat. Aber schließlich verrät Utnapischtim doch, an welchem Ort er nach der Pflanze, die ihm die Jugend wiedergeben kann, suchen soll. Als Gilgamensch nach erschöpfender Suche das Gewächs „Jung wird der Mensch als Greis“ schließlich gefunden hat, wird es ihm von einer Schlange gestohlen, während er in einem Brunnen badet.

Immer schon träumte der Mensch davon, Raum und Zeit zu beherrschen. Und der Himmel, den er sich schuf, war zu allen Zeiten das Ziel seiner Wünsche.

Ob nun Helios den Sonnenwagen donnernd am Himmel lenkte, Poseidon die Tiefen der Meere kontrollierte oder die zeitlosen Götter im gewölbten Raum über der Erde thronten, die über Wellen und Wind, Donner und Blitz Macht hatten – stets strebte der Mensch nach Idealen, denen gleich zu sein er sich bemühte.

Inzwischen hat der Mensch seine alten Götter längst entthront und huldigt gläubig einem neuen Gott – der Wissenschaft. Sie bietet ihm Möglichkeiten, eröffnet ihm Perspektiven, die er bislang in seinen kühnsten Vorstellungen nicht erträumt hat.

Machtfaktor

Standarte des Himmels

Als der Mensch die Natur zu ergründen begann, wurde die Vernunft geboren. Und als er schließlich sein abergläubisches Staunen überwand und anfing, nach dem WARUM zu fragen, legte er den Grundstein für die Wissenschaften. So entstand aus Beobachtung – Vergleich – Intuition – Spekulation – Forschen, Testen und Schlußfolgerung – das Rüstzeug zur Selbsterkenntnis und Bewältigung seiner Umwelt.

Der erste Schritt zur Zivilisation bestand in der Züchtung von Nutzpflanzen und in der Domestikation von Tieren. Durch die landwirtschaftliche Revolution gewann er neben Nahrung und Brennstoff auch Sicherheit und Zeit für andere Aufgaben, wie keine andere Kultur je zuvor. Marksteine auf dem Weg aus der Barbarei in die Zivilisation waren vor allem Errungenschaften wie der Pflug, das Rad, das Segelboot, die Anfänge der Astronomie und Mathematik, die Erfindung des Kalenders.

Die emotionelle und intellektuelle Entfaltung des Menschen steigerte sich dann mit der Entwicklung von Malerei und Plastik, mit der Errichtung befestigter Städte oder Festungen, vor allem aber mit der Erfindung der Schrift.

Die ersten Schriftformen existierten wahrscheinlich schon 12 000 Jahre vor der Entstehung unseres heutigen Alphabets. Zumindest lassen regelmäßige Markierungen auf prähistorischen Höhlenwänden darauf schließen. – Schriftsysteme entstanden unabhängig voneinander in den verschiedensten Gebieten der Erde. Aus anfänglich bildhaften Darstellungen formten sich Versinnbildlichungen gewohnter Bildbegriffe und Zeichen. Daraus entwickelte sich schließlich ein Silbensystem.

Auch die Keilschrift der Sumerer, mit ihren in nassen Ton gepreßten, keilförmigen Linien, entstand auf diese Weise. Das eigentliche Alphabet allerdings, das mit Hilfe einer relativ geringen Anzahl von Einzelbuchstaben Wortbildungen ermöglicht, scheint auf die Phönizier – vor knapp 4000 Jahren – zurückzugehen. Vom Mittelmeerraum breitete es sich in alle Richtungen aus. Und damit entstanden mehrere Alphabete, die trotz ihrer verschiedenartigen Schriftformen alle miteinander verwandt sind, soweit es sich um echte Alphabete handelt.

Die Verständigung in Wort und Schrift nahm bedeutenden Einfluß auf die Persönlichkeitsbildung des Menschen. Denn neben den Fundamentaltrieben – Hunger und Sexualität – entstand nun der Drang zur Mitteilung und Kommunikation. Durch mündliche und schriftliche Überlieferung wurden menschliche Handlungsweisen entscheidend beeinflußt. So führten Sprache und Schrift den Menschen von der Steinzeit in die Neuzeit hinüber.

Das Wort wurde zum größten Machtfaktor im menschlichen Dasein. Es verhalf dem Menschen einerseits zum Aufstieg – zu Idealen, zur Dichtung, zum schöpferischen Denken überhaupt; aber andererseits wurde durch das mißdeutete Wort – durch Lüge, Verrat, Polemik, propagandistische Hetze und Verleumdung – der Untergang ganzer Völker besiegelt.

In dieser Entwicklung spielte insbesondere die religiöse Tradition eine gewichtige Rolle. Durch die Priester-Astrologen glaubten die Menschen an ihre Abhängigkeit von kosmischen Kräften. Beispielsweise hielten die Astrologen die Bewegung der Gestirne und den Verlauf der Monate und Jahre in Kalendern fest, um danach den Lebensablauf der Menschen zu bestimmen. Das Erleben von Licht und Dunkel, Geburt und Tod, der Wechsel der Jahreszeiten – all das vermittelte dem Menschen das Bild einer sich zyklisch wiederholenden, unpersönlichen Welt mit unbeugsamen Gesetzen.

Aus dieser neuen kosmischen Theologie ergab sich die Verschmelzung staatlicher und geistlicher Macht in Gestalt des allgewaltigen Herrschers – des Königs – am Gipfel der Sozialpyramide. Dieser König, lebendiger Gott oder Sohn des Himmels, vereinte beides in sich: den weltlichen Herrscher und den Hohenpriester. Diese magische Identifizierung führte jedoch zu einem Dilemma. Denn trotz ihres Anspruchs auf göttliche Gunst und Unsterblichkeit fielen auch Könige tödlichen Unfällen, Mißgeschicken oder Naturkatastrophen zum Opfer. Darum identifizierten sie sich auch mit der Natur durch strenge Rituale, um sie so bei „guter Laune" zu halten.

So war es z. B. in China vor etwa 4500 Jahren von besonderer Bedeutung, daß sich „der Sohn des Himmels" im Frühling grün kleidete, im Sommer rote Farben trug, sich im August in weißen Gewändern zeigte und im Winter schwarz gekleidet war. Dementsprechend änderte sich auch die Speisekarte des Herrschers. Dem Ritual zufolge wurden im Frühjahr Weizengerichte und Lammfleisch gereicht, im Sommer Huhn und Bohnen, im Herbst bestand die Speisekarte aus Hanfsamen und Hundefleisch, und die winterliche Tafel zierten Spanferkel und Hirsebrei. Natürlich mußten mit den jahreszeitlichen Gerichten auch die rituellen Eßgefäße gewechselt werden, die entweder hoch, tief, quadratisch oder perforiert waren.

Zu Beginn jeder Saison, deren Höhepunkt mit der Morgen- und Abenddämmerung einer neuen Sternkonstellation zusammenhing, unterzog sich der Sohn des Himmels einem Reinigungs- und Rechtfertigungsritual. Danach begab er sich mit seinen Edlen in allem Prunk vor das östliche Tor der Stadt, „um den Frühling willkommen zu heißen". Die gleiche Zeremonie vollzog sich im Sommer vor dem südlichen Stadttor, im Herbst außerhalb des westlichen und im Winter vor dem nördlichen Tor der Stadt. Gleichzeitig gebot der Herrscher den Beamten und dem Volk, jede Arbeit den speziellen Anforderungen und dem Geist der jeweiligen Jahreszeit anzupassen. Der treibenden Kraft der Natur entsprechend, wurden alle dem Wachstum und Glück dienenden Tätigkeiten im Frühling und Sommer ausgeführt. Harte, zwingende Maßnahmen wurden dagegen auf den Herbst und Winter verlegt, wie z. B. Krieg, Jagd, das Schlagen und Ausholzen der Bäume oder auch Exekutionen. Als Beispiel destruktiven Verhaltens galt die Natur selbst, wenn sich das Leben in dieser Zeit zurückzieht.

Anlaß zu besonderen Feierlichkeiten boten Ereignisse, die sich in jedem Jahr wiederholten. So im zweiten Monat des Frühlings, wenn die Insekten zum Vorschein kamen und der erste Donner grollte. Sobald Sirius als Abendstern am Himmel stand, feierte der Sohn des Himmels zusammen mit seinen Frauen die Ankunft der ersten Schwalbe, indem er dem „Gott der Ehe" eine große Opfergabe darbrachte.

Einen Monat später, „nach der Nachtwache und dem Fasten, begab sich die Herrscherin zu den östlichen Obstgärten, um nach den Maulbeerbäumen zu sehen" und anderen Pflichten nachzugehen, die mit der Seidenproduktion zusammenhingen. Sie förderte diese wichtige Industrie durch ihren persönlichen Einsatz. Genau wie der Herrscher, der sich im ersten Frühlingsmonat für die Landwirtschaft einsetzte, indem er sechs Ackerfurchen unter dem Gesang einer Hymne und der Darbringung von Opfergaben eigenhändig pflügte.

Die beiden entscheidenden Ereignisse im Ablauf der Jahreszeit waren Sommer- und Wintersonnenwende – besonders aber die letztere. Denn in ihr erreichte das Yin-Prinzip von

Dunkelheit und Tod seinen Zenit, bevor es wieder vom Licht und Leben verheißenden Yang-Prinzip abgelöst wurde.

In dieser Zeit unterzog sich der Herrscher einer Reinigungs- und Fastenkur. Er entsagte allen musikalischen und schöngeistigen Genüssen und übte sich in ehrfürchtigem Schweigen, um Tao – der im ewigen Konflikt zwischen dem Wachsen und Verhauchen seines Atems stand – nicht zu stören. Bestand doch Taos Aufgabe darin, Bindeglied zwischen dem Willen des Himmels und dem Wohlergehen der Menschen zu sein. Solange sein Geist mit dem Schweigen des Universums vereint war und er still auf seinen fünf Matten saß – vorn von Zauberern umgeben, hinter sich die Protokollführer, Wahrsager zur Linken und blinde Musikanten zur Rechten –, ging das Volk seinen täglichen Pflichten nach, in der Überzeugung, von gütigen Geistern begleitet und vor allem Unheil beschützt zu sein, zumal wenn die Sternkonstellation Gutes verhieß.

Die Astronomie ist wohl eine der ältesten Wissenschaften. Ihr Ursprung wird im allgemeinen zwar auf die Babylonier zurückgeführt, aber es deutet alles darauf hin, daß sie bereits in vorgeschichtlichen Zeiten eine große Rolle gespielt hat. Denn auf einem prähistorischen Steinblock, der im französischen Departement Vendée gefunden wurde, sind eigenartige, himmelwärts gerichtete Einkerbungen entdeckt worden. Die Untersuchung durch verschiedene französische Forschungsinstitute ergab, daß diese Zeichen eine uralte Sternkarte darstellen. Sie wurde von den französischen Wissenschaftlern „Pierre de Merlière“ getauft und gleicht erstaunlicherweise der ältesten Darstellung der Tierkreiszeichen im alten China – der sogenannten „Standarte des Himmels“

Eine bis zur Mitte des Steinblocks laufende Rechtsspirale endet in einer Vertiefung – dem Kern der Sternkarte und Beobachterstandpunkt. Von dort zweigen zwei Rillen in verschiedene Richtungen ab. Die eine setzt sich nach Norden fort und läuft in einem Kreuz aus, unter und über dessen Querbalken insgesamt vier Vertiefungen zu sehen sind. Zusätzliche größere und kleinere Einbuchtungen daneben entsprechen dem Sternbild des Großen Bären. Inzwischen ist längst bekannt, daß der Meridian des Steinzeitmenschen der Große Bär war.

Die zweite Rille verläuft von der Mitte aus in nordwestlicher Richtung – die Sonnenwendlinie, die den Standpunkt der aufgehenden Sonne bei der Wintersonnenwende anzeigt. Das Zeichen der Sommersonnenwende wird dagegen durch eine kleine, in ihrer Mitte vertiefte Scheibe mit zwei konzentrischen Kreisen dargestellt, die sich im südwestlichen Teil der prähistorischen Sternkarte befindet. Außerdem wurde auch noch eine Anzahl anderer Markierungen entdeckt. Nach sorgfältigen Untersuchungen konnte schließlich der Zeitpunkt errechnet werden, an dem diese bestimmte, in Stein festgehaltene Sternkonstellation am nördlichen Nachthimmel beobachtet wurde – nämlich vor etwa 8500 Jahren.

Überall in Europa, vom südlichsten Spanien bis zur Ukraine, wurden mit Punkten und Linien markierte Steine und Knochen gefunden. Man nimmt an, daß es sich dabei um Aufzeichnungen von Mondbewegungen vor etwa 37 000 Jahren handelt.

Vor knapp 4000 Jahren errichteten Steinzeitmenschen auf der Hochebene von Salisbury in England riesige megalithische Monumente, „Stonehenge“ genannt. Diese über 40 Tonnen schweren, mehr als vier Meter aufragenden Steinpfeiler sind durch Deckplatten zu einem Ring verbunden, der nur einen Zugang hat. Ringsherum läuft ein Graben und ein mit 56 Vertiefungen versehener Wall. Der Grundriß der Gesamtanlage ist in konzentrische Kreise aufgeteilt und hat einen Durchmesser von 115 Metern. Der äußere Ring wird aus 49 großen Trilithen gebildet, der innerste Ring besteht aus kleineren Steinblöcken. Im Zentrum von Stonehenge liegt ein einzelner Felsblock. Die in eine steinerne Allee auslaufende Längsachse des großen Hufeisens aus 5 mächtigen Trilithen zwischen äußerem und innerstem Kreis ist nach Nordosten ausgerichtet. Am Tag der Sonnenwende kann der Sonnenaufgang über dem Felsblock in der Mitte verfolgt werden.

Ein mit astronomischen Daten und Schlüsselpositionen gefütterter Computer brachte die erstaunliche Tatsache ans Licht, daß diese steinzeitliche Anlage nicht nur einen Kalender darstellt, sondern selbst als eine Art Computer fungierte mit Informationen über Tag- und Nachtgleichen, Sonnenwenden sowie Sonnen- und Mondfinsternissen.

Die Astronomie wurde im Altertum vor allem in Mesopotamien und Griechenland gepflegt. Ohne Zweifel haben auch China und Indien ihre Entwicklung gefördert, wenn auch ein wesentlicher Teil ihrer astronomischen Kenntnisse auf Mesopotamien zurückgeht.

In der Astronomie waren die Mesopotamier den Griechen um mindestens 500 Jahre voraus. Denn im antiken Griechenland gewann die Astronomie frühestens 1000 Jahre vor Christi Geburt eine gewisse Bedeutung, während sie in Babylonien schon weit eher eine wichtige Rolle spielte. Darüber hinaus verfügten vor den Babyloniern schon die Sumerer über erstaunliche mathematische und astronomische Kenntnisse. 4000 Jahre alte Keilschriftaufzeichnungen enthalten eindeutige Informationen über Positionsveränderungen der Planeten Mars, Venus und Jupiter. Doch nicht nur das, sogar die Ortsveränderungen von vier Jupitermonden, die normalerweise nur durch ein Teleskop beobachtet werden können, sind auf den babylonischen Tontafeln verzeichnet. Und die Berechnungen der Mondumlaufbahn weichen hier nur um 0,4 Sekunden von unseren heutigen ab.

Diese Erkenntnisse wurden durch langwierige, sorgfältige Beobachtungen gewonnen. Systematische Studien der Stern- und Planetenbewegungen führten schließlich zu kalendarischen Aufzeichnungen, die dann als Grundlage für die Zeit der Aussaat dienten, wobei die Hochwasserzeiten von Nil, Euphrat und Tigris ausgenutzt werden mußten.

Im Gegensatz zu den Babyloniern, die die Astronomie hauptsächlich numerisch auffaßten – und zwar durch mathematisch berechnete Positionsangaben –, empfanden die Griechen die Bewegungen der Sterne und Planeten als geometrisches Modell. Das heißt, sie setzten voraus, daß sich Mond und Gestirne an bestimmte geometrische Bahnen halten. Danach kalkulierten sie die Auswirkungen der Bewegungen im Verlauf ihrer Bahnen und verglichen diese schließlich mit den tatsächlichen Beobachtungen. Entweder bestätigte sich das erdachte Modell, oder es stellte sich als Fehlkalkulation heraus. Im letzteren Fall wurde an einer Verbesserung gearbeitet.

Schon 600 Jahre vor Christus bemühten sich die Griechen um die Klärung der Problematik von Ursache und Wirkung – also warum Ereignisse sich auf eine ganz bestimmte Art und Weise darstellen.

Der erste Versuch, die Auswirkungen verschiedener physikalischer Phänomene in Bezug zueinander zu bringen, geht auf Thales zurück, der 650 v. Chr. in Milet geboren wurde. Aus dem babylonischen Schöpfungsmythos von der Erschaffung der Erde durch den höchsten Gott Marduk („alles Land war Meer...") leitete Thales die Theorie ab, daß letztlich alle Materie Wasser war und sich durch natürliche Prozesse gefestigt hatte, genau wie bei der Verschlammung des Nildeltas.

Er nahm an, daß die Erde als flache Scheibe auf dem Meer schwimmt – unter sich Wasser und auch über sich, wie ja der Regen zu beweisen schien. Sonne, Mond und Sterne waren in seinen Augen brennende Gase, die auf den Wassern über der Erde trieben und auftauchten, wenn ihre Zeit gekommen war.

Für Thales war die Wahl von Wasser als Universalstoff ganz selbstverständlich, da er von der babylonischen Mythologie beeinflußt war. Seiner Ansicht nach war Wasser die verwandlungsfähigste Substanz, denn sie existiert in fester Form als Eis, flüssig sowie gasförmig als Dampf. Thales schloß daraus auf die drei Grundformen irdischer Materie – fest, flüssig, gasförmig. Außerdem glaubte er, daß „alle Dinge von Göttern erfüllt sind – der Magnet lebt, denn in ihm ist die Macht, Eisen zu bewegen". Er war daher überzeugt, daß „alle Materie mit einer geistigen Essenz versehen ist".

Sein Schüler Anaximander dagegen vertrat die Meinung, das Grundelement sei nicht Wasser, sondern Himmel und Welten hätten sich aus einer anderen, „unendlichen Ursubstanz" gebildet. Das von Nebeln umgebene Universum bestehe aus Feuer und einem festen, kalten Kern in seinem Inneren.

Wie schon chinesische Astronomen vor ihm, so glaubte auch der Philosoph und Mathematiker Pythagoras von Samos, die Erde sei rund und schwebe frei im Raum. Seiner Überzeugung nach war das Universum Bewußtsein und Energie, die unentwegt in die Materie eindringen; die lebendigen Sterne galten ihm als vernunftbegabt und ihre Körper als die Träger geistiger Potenz – wie die der Menschen.

Im zweiten Jahrhundert nach Christus lebte in Alexandrien der griechische Naturforscher und Astronom Ptolemäus. Er verschmolz die verschiedenen Vorstellungen vom Universum schließlich zu einem konzentrischen Weltbild, dessen Ausgangspunkt die absolute Kugelform und die Zahl war. In diesem sogenannten ptolemäischen Weltbild war die Erde von Feuer, Luft und Wasser umgeben, darüber drehte sich die Kristallsphäre des Mondes, die sich unterhalb der Sonnen- und Planetensphären befand. Diese kosmische Zwiebel wurde von der Sphäre der Fixsterne und das Ganze schließlich von der „primum mobile"-Sphäre eingehüllt.

Nach ptolemäischer Weltanschauung ist die Erde der absolute Mittelpunkt des Universums. Weiß doch auch der größte Dummkopf, daß die Sonne im Osten auf- und im Westen untergeht, daß sich die Sterne in festgelegten Bahnen bewegen – natürlich alles um die Erde, versteht sich. Ptolemäus konnte seine Vorstellungen durchsetzen, da er die Welt widerspruchsfreier erklären konnte als seine Konkurrenten. Das ptolemäische System sollte das beherrschende Weltbild für mehr als 1000 Jahre bleiben.

Der menschliche Wissensstand hat sich im Verlauf der Jahrtausende keineswegs gleichmäßig entwickelt. Der Fortschritt in der theoretischen und angewandten Wissenschaft und der Kultur hat sich vielmehr sprunghaft aufwärts und abwärts bewegt. Er stagnierte für Jahrhunderte, um sich dann plötzlich wieder weiterzuentwickeln. In gewissem Sinne lassen sich Wissenschaftler mit Ameisen vergleichen, die mühsam einen Baum hinauf krabbeln. Das Ziel ist die Baumkrone – die Spitze. Allerdings stellt sich diese ersehnte Spitze häufig als das Ende eines Astes in Bodennähe heraus. Doch die Illusion, ganz oben zu sein, bleibt. Und damit erübrigt sich auch der mühsame Rückweg, um vielleicht doch noch einmal ganz von vorn anfangen zu müssen. Da sitzen sie nun behäbig auf dem äußersten Blatt des untersten Astes, polemisieren aggressiv über die Richtigkeit ihrer Fehlschlüsse und diffamieren lautstark diejenigen, die sich erdreisten, anderer Meinung zu sein.

Über Theorien läßt sich natürlich streiten, aber erfahrungsgemäß ist meistens der wortgewandtere – zu Recht oder Unrecht – der Sieger. Handfeste, praktische Neuerungen beweisen dagegen ihren Wert in der Regel durch sich selbst.

Wenn mit dem Steinwerkzeug der Befruchtungsakt der Technik eingeleitet wurde, so vollzog sich mit der Erfindung des Rades ihre Geburt. Denn durch das Rad, für das es in der Natur kein Vorbild gibt, gelang dem Menschen letztlich der technische Aufstieg.

Zum erstenmal taucht das Rad vor rund 5000 Jahren bei den Sumerern auf. Ein Relief aus Ur, der einstigen Hauptstadt von Sumer, zeigt es als dreiteilige, fest mit der Achse verbundene Scheibe.

Aber auch im steinzeitlichen Europa waren schon Holzräder im Gebrauch, die, an Schlitten oder Flößen befestigt, die ersten Lastkarren darstellen. Reste solcher Holzräder wurden aus nord- und westeuropäischen Mooren geborgen.

Das Rad gewann vom ersten Augenblick an zunehmend an Bedeutung. Es galt nicht nur als Vorbild für jede Art rotierender Bewegung, sondern auch als kultisches Symbol überirdischer Kräfte und Mächte. Etwa 1400 Jahre vor Christus wurde das Rad dann in einer Flaschenzugkonstruktion verwendet, um das Wasserschöpfen aus den Brunnen zu erleichtern.

Im sogenannten Zweistromland, zwischen Euphrat und Tigris, wurden die ersten Bewässerungskanäle nicht etwa künstlich angelegt. Sie entstanden vielmehr schrittweise aus dem langsam zurückweichenden Meer und wurden über Jahrtausende auf immer größere Flächen ausgedehnt. Auf diese Weise lernte der Mensch von der Natur selbst, wie er seine jährlichen Ernten durch entsprechende Bewässerungssysteme steigern konnte. Daraus kann man schließen, daß die

Seßhaftwerdung des Menschen im unmittelbaren Zusammenhang mit dem Wasser stand.

Die Ruinen von Nippur (heute Niffer im Mittel-Irak) – einst bedeutendste Kultstätte des sumerischen Hauptgottes Enlil – sowie Ausgrabungen aus 22 Meter Tiefe in dieser Gegend führten zu einer Altersberechnung von 7200 Jahren. Aber *unter* den Ruinen von Nippur befanden sich schon Bewässerungskanäle, die wesentlich älter sein müssen als das sumerische Nippur.

Auch in Ur wurden durch Ausgrabungen Bewässerungssysteme freigelegt, die auf 4000 v. Chr. datiert werden. Die ältesten sumerischen Gräber gehen dagegen nur auf 3500 v. Chr. zurück. Jedenfalls ergibt sich aus dem Fund eines Verzeichnisses der Königsgeschlechter im alten Mesopotamien eine Zeitspanne von mehr als 300 000 Jahren vor der Sintflut, die nach wissenschaftlichen Ergebnissen etwa 7000 Jahre zurückliegt. Dieser schier unglaubliche Zeitraum beweist jedenfalls, wie sehr wir bisher noch über vorgeschichtliche Zivilisationen im dunkeln tappen.

Im dritten und vierten vorchristlichen Jahrtausend existierten im nördlichen Teil der indischen Provinz Bombay hochentwickelte Städtebau-Kulturen. Diese Tatsache wurde durch die Ausgrabungen von Mohenjo Daro im Sind erhärtet, wo man auf erstaunliche Entwässerungsanlagen und auf Brunnen und Badestuben in vielen Häusern stieß. Öffentliche Bäder und die Art des Häuserbaus erlauben nicht nur Rückschlüsse auf das Kultur- und Sozialgefüge, sondern zeigen zudem noch eine Ähnlichkeit mit Gebäuden im sumerischen Ur.

In der Frühzeit der menschlichen Zivilisation spielte auch die Domestikation von Tieren eine bedeutende Rolle. Die Zähmung bzw. Umzüchtung wilder Tiere zu Haustieren begann wahrscheinlich vor mehr als 12 000 Jahren mit dem Hund. Die ersten Tiere, die auf diese Weise zur Ernährung des Menschen beigetragen haben, waren Schafe und Ziegen. Und als erstes Zugtier dürfte der Wildesel gelten. Später verhalfen Ochse und Esel dem Menschen zur Erwirtschaftung von Überschüssen, die auch durch die Ernährung dieser genügsamen Tiere nicht geschmälert wurden.

Vor etwa 5000 Jahren wurde das Pferd domestiziert. Nachdem der Mensch es anfangs noch als Zugtier eingesetzt hatte, entdeckte er dann vor rund 4000 Jahren seine Qualitäten als Reittier, und er war darüber nicht minder erstaunt als viele Jahrtausende später seine Nachfahren über das erste Automobil. Ursprünglich waren die Pferde klein und kaum dazu geeignet, Lasten für längere Zeit auf dem Rücken zu tragen. Seine Karriere als Reittier begann bei afghanischen, iranischen und zentralasiatischen Nomadenstämmen, die systematisch Pferde züchteten. Diese wilden Reiterstämme, die Skythen, überrannten im Lauf ihres Nomadendaseins Länder, in denen Pferde und Reiter unbekannt waren. Als die Menschen im antiken Griechenland zum erstenmal durch die scheinbar miteinander verwachsenen Gestalten von Roß und Reiter in Angst und Schrecken versetzt wurden, kam die Legende von den Zentauren auf.

Kein anderes Tier hat dem Menschen soviel Macht verliehen wie das Pferd. Auf seinem Rücken fanden Völkerwanderungen statt, und sein Einfluß auf die Menschheitsgeschichte ist beträchtlich. Große Bedeutung kam ihm seit eh und je in den indoeuropäischen Religionen zu. Da es als Amme des Menschen betrachtet wurde, nahmen Stutenmilch und Kumyß (gegorene Stutenmilch) einen besonderen Platz in der Ernährung ein. Verstorbene erhielten ihren wertvollsten Besitz, das Pferd, als Grabbeigabe, da es als Träger der Seele von Verstorbenen galt. Und zu allen Zeiten war es ein besonderes

Statussymbol. Als der Mensch, der Pflanzen gezüchtet und Tiere domestiziert hatte, das Pferd bestieg, muß dieser Akt für ihn die Vorherrschaft über die Natur symbolisiert haben.

Die Mühen und Plagen der Menschheit wurden großenteils durch fundamentale evolutionäre Faktoren, wie z. B. Versorgung, Fortbestand und Expansion, hervorgerufen. Zur Sicherung seiner Bedürfnisse wurde der Mensch immer erfinderischer. Er entwickelte komplizierte hierarchische Systeme mit Gesetzen, Aufgabenbereichen und Ritualen, um mehr oder weniger erfolglich die Vermehrung seiner Art zu sichern. Aber die ständig wachsende Bevölkerung förderte Rivalität und Aggression. Das brachte immer größere Probleme mit sich, die eine strengere Gesetzgebung erforderten. So wurde u. a. das Eigentum bestimmt, Wasserrechte festgelegt und auch alle Sozialbeziehungen der Gemeinschaft geregelt. Die Herrschaftsordnung war schließlich festgefügt – vom König bis hinab zum Dorfältesten.

Die Identifizierung des königlichen Lebens mit dem Geschick der Gemeinschaft und auch umgekehrt brachte ein unheilvolles Ritual mit sich – den Krieg. Um den Zorn der Götter abzuwenden, mußten Tier- und Menschenopfer dargebracht werden. Mit der Zeit suchte man nach menschlichen Opfern außerhalb der eigenen Gemeinschaft. Was als einseitiger Überfall mit einer Gefangennahme begonnen hatte, führte zu Gegenangriffen. Daraus entwickelten sich dann institutionalisierte Kriege, Kettenreaktionen rituellen Gemetzels.

Die Alternative zum Verlust der eigenen Leute war die Zerstörung feindlicher Städte und Tempel sowie die Versklavung ihrer Bewohner. Derartige Handlungen waren auch Ventil für die eigenen Ängste, steigerten das Machtgefühl und machten aus dem Krieg ein Mittel zur Selbstrechtfertigung.

„Eine große Anzahl von Männern richtete sich wie eine unterwürfige Einheit nach dem Befehl des Königs, der den Willen der Götter vollzog.“ Menschen wurden zu heroischen, jedes Maß überschreitenden Handlungen getrieben. Sie errichteten die phantastischsten Gebäude – Tempel, Paläste, Pyramiden oder verbluteten für ihre Herrscher in Kriegen. Der Expansionsdrang, die Machtausübung oder auch neurotische Ängste führten zu immer größeren und entsetzlicheren kriegerischen Auseinandersetzungen, die jedoch stets durch magische, religiöse oder politische Gründe sanktioniert waren. Davon zeugen zahllose Denkmäler gedemütigter Herrscher, hingemetzelter Gefangener und zerstörter Städte. Ob sie nun von den relativ friedfertigen Ägyptern stammen oder auf die grausamen Assyrer und Mongolen zurückgehen.

Die Vereinigung von Herrschertum und geistlicher Macht, Menschenopfer und militärischer Effizienz bildete einen beherrschenden Komplex, der überall menschliche Verhaltensweisen kennzeichnete.

Als Masse ist der Mensch labil, unberechenbar, manipulierbar und daher gefährlich. Genauso wie sich die Masse Mensch von einem Augenblick zum anderen in eine Kriegseuphorie hineinsteigern läßt, kann sie im nächsten Moment über den Krieg als Zerstörer menschlichen Wohlergehens, als blutrünstige Perversion lamentieren. Dann träumt der Mensch von einem Goldenen Zeitalter, von friedvollen Zeiten, als Krieg und Hader unbekannt waren und, wie Lao-tse sagt, „ein Dorf den Rauch aus den Schornsteinen der Nachbargemeinden neidlos und ohne Rivalitätsgefühle in den Himmel aufsteigen sah.“

Antithese

Diktatur der Götter

„Wie gern würde ich jetzt einen Schornstein rauchen sehen", sagte Frost, der Journalist, und streckte sich.

Am Horizont erhob sich die frühe Morgensonne in einen wolkenlosen Himmel.

Ein neuer Tag war angebrochen.

„Oft, Professor Lahn, habe ich das merkwürdige Gefühl, als habe all dies hier schon einmal stattgefunden. Wäre es nicht möglich, daß Zivilisationen mit allem wissenschaftlichen und technischen Trara wieder und wieder bis zu einem gewissen Punkt aufgestiegen sind, um dann die eigene Existenz durch unverantwortliches Verhalten, durch Unreife abzuwürgen und unterzugehen?"

„Wer weiß, vielleicht haben Sie recht. Auch der Supermensch könnte ja schon einmal existiert haben. Beweise dafür gibt es natürlich nicht, wenn auch Mythen und alte Sagen manchmal technische Errungenschaften zu schildern scheinen, die erst jetzt – oder auch erst jetzt wieder – im Bereich der Möglichkeiten liegen. So könnten beispielsweise uralte Sanskrit-Schriften als Berichte über eine Art von Fernsehen, Sprechfunk, Kernwaffen, Flugzeuge oder Raumschiffe – die sogenannten Vimaanas im vorgeschichtlichen Indien – interpretiert werden."

Ziellos lief Lahn zwischen Betonbrocken auf und ab.

„Es dürfte uns eigentlich nicht überraschen, daß Errungenschaften unseres Zeitalters, sofern sie schon einmal in grauer Vorzeit entdeckt waren, dann in Verbindung mit Göttern in Mythen und Sagen auftauchen. Denn absolute Macht – also die Macht, zu erschaffen oder zu vernichten – war ja allein göttliches Privileg. Denken wir nur an die Einäscherung ganzer Städte, wie Sodom und Gomorrha, was durchaus an die Auswirkungen eines Atomkrieges erinnert; oder an die zehn ägyptischen Plagen, die von einem erbarmungslosen Gott verhängt wurden, um die Ausführung seiner Befehle zu erzwingen, und von denen zumindest eine mit biologischer Kriegsführung erklärt werden könnte."

„In unserer Zeit verfügte doch beinah jeder führende Politiker, ja sogar jeder höhere Offizier über die absolute Macht", fiel Frost ein.

„Ein Knopfdruck genügte . . ."

„Natürlich müssen Überlieferungen nicht auf Fakten beruhen, es kann sich dabei um reine Phantasiegebilde handeln", sagte Lahn. „Funde sind dagegen real. Gegenstände aus Aluminumbronze zum Beispiel, wie sie in chinesischen Grabstätten aus dem zweiten nachchristlichen Jahrhundert entdeckt wurden. Aber Aluminiumbronze kann ohne Elektrolyse nicht hergestellt werden."

„Schön, Professor. Und was wollen Sie damit sagen?"

„Das ist doch offensichtlich. Frühere Zivilisationen müssen in ihrer Entwicklung wesentlich fortgeschrittener gewesen sein, als wir wahrhaben wollen, wenn sie schon die chemische Zersetzung von Stoffen durch Elektrizität handhaben konnten."

„Na und, was soll's! Sie sind genauso untergegangen wie wir."

„Aber nein, es ist doch weitergegangen. Denken Sie an Kopernikus, Galilei, Newton, Koch, Pasteur, Planck und

Einstein? Oder auch Leonardo da Vinci, Michelangelo, Tizian, Rembrandt, Dali, um nur einige wenige zu nennen; ganz zu schweigen von den zahllosen Dichtern, Denkern und Komponisten."

„Nein, die habe ich nicht vergessen. Aber ich erinnere mich ebensogut an Dschingis-Khan, Jack the Ripper, Hitler und Idi Amin. Und außerdem habe ich auch nicht vergessen, daß wir hier offenbar die einzigen Überlebenden sind!"

„Genau das ist der wunde Punkt! Nur der Mensch hatte in einem solchen Ausmaß zwischen zwei so divergierenden Welten, nämlich zwischen Gefühl und Verstand, zu kämpfen. Ist es nicht geradezu paradox, wie extrem diese beiden Welten im Menschen sind? Und zwar ausschließlich im Menschen. Kein anderes irdisches Wesen war so von der Antithese betroffen, mußte sich derart mit ihr auseinandersetzen. Und kein anderes Wesen mußte so sehr für sein Unvermögen, eine Synthese zu finden, leiden", sagte Lahn.

„Eine Synthese? Als ob es die gäbe."

„Vielleicht nicht unbedingt eine Synthese. Aber doch wenigstens eine Brücke, sogar eine biologische Brücke."

„So? Und die wäre", fragte Frost.

„Das, was wir gemeinhin Liebe, Zuneigung nennen, zu sich selbst und zu anderen."

„Ein weiter Begriff, Professor. Aber gleiten wir hier nicht in Sentimentalitäten ab?"

„Wenn Sie so wollen. Obgleich das Wort Liebe zu den mißdeutetsten in der menschlichen Sprache gehört und zudem grausam mißbraucht wurde. In ihrer einfachsten Form verkörpert die Liebe das reine Triebleben und findet ihren Höhepunkt in einer Sublimierung, wie sie zum Beispiel Shakespeare, Goethe, Hölderlin, Nietzsche oder Dante mit ihren Werken erreicht haben. In der Menschheitsgeschichte gibt es wohl kaum eine große Tat, die nicht in letzter Konsequenz durch irgendeine Art von Liebe beflügelt wurde", sagte Lahn.

„Das sehe ich, oder besser, das habe ich gesehen: große politische Ereignisse, Energieprobleme, ein Overkill-Kernwaffen-Arsenal, unverantwortliche Umweltzerstörung durch rücksichtslose Industrialisierung in einer kraß materialistisch orientierten Gesellschaft, Millionen verhungernder Menschen in der Dritten Welt und Überbevölkerung; dazu die totale Enthumanisierung. – Und da sprechen Sie von Liebe!"

„Aber es ist doch nicht so, als hätten sich die Menschen mit dieser Entwicklung einverstanden erklärt", protestierte Lahn. „Warum hatten denn zwielichtige Sekten solchen Zulauf? Warum genügten die althergebrachten Religionen nicht mehr? Warum waren Millionen psychisch krank, und warum kamen plötzlich so viele ‚exotische Scharlapeuten' in Mode? Warum stiegen die Selbstmordraten so erschreckend, und warum kam es gar zum Massenselbstmord? Warum war unsere Zeit vom großen Unbehagen, von Unsicherheit, ja Hilflosigkeit geprägt?

Dies alles geschah doch nur, weil wir eine Stufe erreicht hatten, wo die Apokalypse drohte; ganz unbewußt trieb uns das Verlangen, nun endlich das Steuer herumzureißen. Und es gab ja auch eine Alternative für eine bessere Zukunft."

„Sprechen Sie jetzt von konkreten Möglichkeiten oder nur von Utopien", fragte Frost.

„Natürlich von Realitäten. Es sind bestimmte Gesetzmäßigkeiten erkannt worden, wie sie zum Beispiel der amerikanische Physiker Gerald Feinberg von der Columbia-Universität spezifiziert hat. Danach sind erstens ‚alle Erscheinungsformen der Materie aus wenigen gleichartigen Bausteinen aufgebaut, und alle Naturphänomene werden von denselben allgemeinen physikalischen Gesetzen beherrscht. Das trifft auf Atome und Sterne wie auf Menschen zu.

Zweitens ist das Geschehen in lebenden Systemen das Ergebnis derselben physikalischen und chemischen Prozesse, wie sie in nicht-lebenden Systemen vorkommen. Höchstwahrscheinlich gehören auch die psychischen Vorgänge im Menschen dazu.

Drittens gibt es keinen Hinweis für eine planmäßige Entwicklung natürlicher Phänomene. Die gegenwärtige Komplexität des Lebens entstand durch die viel einfacheren Bedingungen eines Zufallsprozesses natürlicher Auswahl und des Überlebens des anpassungsfähigen Organismus.

Viertens ist das Universum im Verhältnis zu menschlichen Raum- und Zeitbegriffen ungeheuer groß und alt. Es ist daher unwahrscheinlich, daß das Universum für den Menschen geschaffen wurde oder dieser als sein zentrales Thema gilt. Schließlich und endlich sind viele menschliche Verhaltensweisen nicht angeboren, sondern erlernt. Spezifische Verhaltensmuster können durch psychologische, chemische und physikalische Methoden verändert werden. Die menschliche Natur und die Welt können also nicht als unabänderlich betrachtet, sondern können geändert werden.'

Die Möglichkeit, in weiten Bereichen einzugreifen, auch im positiven Sinne, war also gegeben."

„Und woran ist es dann letztlich gescheitert", unterbrach Frost. „Doch wohl an mangelnder Verständigung, Koordination, Planung, Steuerung und Zielsetzung. Weil alles dem blinden Zufall überlassen wurde!"

„Richtig. Und das ist umso bedauerlicher, als Forschungsergebnisse von ungeheurer Tragweite durchaus großartige Perspektiven eröffnet haben. Fangen wir doch erst einmal beim Menschen selbst an."

Unsterblich

300 Jahre jung

Seit undenklichen Zeiten hat der Mensch erfolglos nach einem Weg gesucht, um die Zeichen der Vergänglichkeit an sich selbst aufzuhalten oder gar rückläufig zu machen.

Der Alterungsprozeß setzt schon nach der Pubertät ein. So ist Leben ein lebenslanges Sterben. Und wenn auch der Selbsterhaltungstrieb, der Wille zum Leben, zu den primären Naturtrieben gehört, so folgt jeder in diese Welt Hineingeborene doch einem festgelegten Weg in den Tod.

Wir alle werden mit den traurigsten Auswirkungen des Alterns konfrontiert. Der Mensch ist als Teenager auf dem Höhepunkt seiner Vitalität. – Eine Krankheit, die ihn in diesem Alter für zwei Tage ins Bett zwingt, bedeutet für den Achtzigjährigen den Tod. – Schon nach der Pubertät beginnt der Abstieg, zuerst zwar unmerklich, aber dann beschleunigt sich dieser Vorgang, bis ihm der Tod ein Ende setzt.

Es gab schon immer nur sehr geringe Chancen für ein langes Leben. Aus Statistiken geht hervor, daß von 100 Menschen nur vierzehn 80 Jahre alt werden und nur sechs Prozent 85. Nur zwei von 100 erreichen das 90. Lebensjahr, und nur vier von 1000 haben die Aussicht, 95 Jahre alt zu werden. Wenn sich auch im Verlauf der letzten zwei Jahrtausende die Chancen für ein längeres Leben verbessert haben – denn die Lebenserwartung unserer Tage beträgt immerhin schon 75 Jahre – so ist der Prozentsatz derer, die die äußerste Grenze der natürlichen

Lebensspanne erreichen – nämlich 120 Jahre – einfach verschwindend gering.

Was ist nun der Grund für die Begrenzung der Lebensspanne? Warum ergrauen beispielsweise Menschen der gleichen Altersklasse unterschiedlich schnell? Warum beträgt die Lebensspanne der Maus nur zweieinhalb Jahre, während eine Galapagos-Schildkröte 300 Jahre und der amerikanische Nadelbaum Bristlecone 5000 Jahre alt werden kann? Wenn am Ende auch alle sterben müssen, so ist dennoch in jedem Organismus ein Stoff vorhanden, der anscheinend ewig lebt: die Desoxyribonukleinsäure (DNS), die Befehlszentrale im Zellkern, aus der alles irdische Leben entstanden ist und weiter entsteht.

Diese DNS besitzt die einzigartige Eigenschaft, sich fast unbegrenzt vervielfältigen zu können, solange in der Zelle das dazu benötigte Baumaterial vorhanden ist. Nach den genetischen Instruktionen, die durch ihre biochemische Struktur festgelegt sind, stellt sie aus diesem Baumaterial ihrer Umgebung weitere DNS und Eiweiße her, um den Organismus, der sie beherbergt, am Leben zu erhalten.

Im allgemeinen verläuft unser Leben nach einem bestimmten Muster: Wir werden erwachsen, zeugen Nachwuchs, altern, um dann zu sterben. Und höchstwahrscheinlich altert die DNS unserer Zellen mit uns. Bis auf eine wichtige Ausnahme, die Keimzellen, die gewissermaßen unsterblich sind. Denn die DNS bedient sich zum Überleben eines genialen Tricks: Durch die Verschmelzung von männlichen und weiblichen Keimzellen werden neue Individuen und damit auch neue DNS gezeugt. Und diese Erneuerung bedeutet für die DNS Unsterblichkeit.

Man könnte auf die Idee kommen, daß die DNS die Organismen, in denen sie haust, nur zum eigenen Fortbestehen benutzt und sie schließlich abstößt, wie eine Schlange ihre alte Haut, wenn sie ausgedient haben. Danach sieht es fast so aus, als habe das Leben nur den einzigen Zweck, nämlich die DNS zu erhalten.

In seinem Laboratorium auf Schloß Tübingen untersuchte 1869 der Schweizer Forscher Friedrich Miescher Zellkerne und stieß dabei auf eine Substanz, die er Nuklein nannte. Diese Entdeckung sollte später in der Erforschung der Erbanlagen eine bedeutende Rolle spielen. Denn wie sich herausstellte, ist das genetische Programm die Basensequenz der DNS.

Der Mensch hat etwa 60 Trillionen Zellen, von denen jede einzelne wie eine „hochorganisierte Fabrik“ funktioniert. Jede Zelle besteht aus Zellplasma und dem Zellkern, der mit seinen 46 Chromosomen – stäbchenförmigen Gebilden – der wichtigste Bestandteil der Zelle ist. Die Chromosomen sind die Träger der gesamten Erbinformation. Eine Ausnahme bilden nur die Keimzellen, die aus 23 Chromosomen bestehen und die sich bei jedem Befruchtungsakt zu neuen vollständigen Chromosomensätzen ergänzen.

Jedes Gen ist ein winziges Stäbchen des DNS-Stranges, und als kleinste Vererbungseinheit sind die Gene in den Chromosomenstäbchen eingebettet. Die verschiedenen Erbanlagen sind wiederum in den Genen, jeweils in bestimmten Abschnitten der Chromosomen, lokalisiert. Die ganze Erbinformation verteilt sich auf etwa 100 Millionen Gene, die nach Annahme von Genforschern rund 60 zwanzigbändige Enzyklopädien füllen würden.

Die Gen-Befehle werden durch „Boten“, sogenannte Messenger-RNS, an das Zellplasma – die Eiweißproduktionsstätten – zur Proteinsynthese weitergeleitet.

Die Suche nach dem detaillierten Funktionsablauf des DNS-

Programms war die reinste Detektivarbeit. So wurde 1953 durch ein englisch-amerikanisches Forscherteam, die Wissenschaftler F. Crick, M. Wilkins und G. Watson, die räumliche Struktur der DNS-Erbinformation erkannt. Watson hatte die entscheidende Inspiration, daß die DNS eine Doppelhelix bildet, in einem kalten Zugabteil auf der Fahrt nach Cambridge. Die Forscher wurden für ihre zukunftsweisende Arbeit mit dem Nobelpreis ausgezeichnet. 1965 erfolgte dann die erste Entschlüsselung eines genetischen Codes durch den Amerikaner Robert W. Holley. Und 1967 leistete wieder ein Amerikaner einen wichtigen Beitrag zur Genforschung. Dem Biochemiker A. Kornberg von der Stanford-Universität gelang es nämlich, den kompletten DNS-Strang des Virus „Phix 174" zu synthetisieren; ein Informationsstrang, der ein Buch von 70 Seiten füllen würde. 1970 erregte der Nobelpreisträger Har Gabind Khorana in Fachkreisen erhebliches Aufsehen. Denn ihm und seinen hochqualifizierten Mitarbeitern war es gelungen, ein Stückchen DNS – ein Hefezellen-Gen – im Reagenzglas nachzubauen. Als das künstliche Gen in genetisch gestörte Bakterien eingeschleust wurde, fuktionierte es wie ein natürlich gewachsenes. Der entscheidende Durchbruch wurde Mitte der siebziger Jahre schließlich durch den Japaner Mizutani und die beiden Amerikaner Baltimore und Temsin erreicht. Sie entdeckten ein für die Genetik unschätzbar wertvolles menschliches Enzym, das die Rekonstruktion und Entschlüsselung der DNS-Erbinformationen ganz erheblich erleichtern wird.

1976 trat Khorana abermals ins Rampenlicht. Er und seine Mitarbeiter hatten aus Regelchemikalien ein Gen hergestellt, das umgehend „seinen Dienst antrat", als es in eine Bakterienzelle eingeschleust wurde. Dieses Gen verfügte über dieselben entscheidenden „Start und Stop" Funktionen wie Gene lebender Zellen. Es bestand aus einer Linearsequenz von 199 Teilen, die alle eine Kombination der vier Basen des genetischen Code verkörpern.

Die DNS als Befehlszentrale der Zelle verfügt über wichtige „Dienstleistungsunternehmen“. Es gibt zum einen die körnchenartigen Mitochondrien, das „Kraftwerk“ der Zelle, die durch eine Anzahl von Enzymen für den Energie-Stoffwechsel sorgen. Zum anderen dient eine Art „Abreißkommando“ – die sogenannten Lysosomen – dem Abbau der von der Zelle aufgenommenen Nährstoffe. Trotz allem bricht dieses Wunderwerk an Organisation früher oder später zusammen. Denn sonst gäbe es weder Altern noch Tod.

Schon vor Jahren wies der renommierte Biologe und Altersforscher Leonard Hayflick vom Oakland Medical Center in Kalifornien darauf hin, daß sich menschliche Bindegewebszellen nur fünfzigmal teilen. Als bei Experimenten Gewebezellen eines Embryos nach 20 Teilungen für einige Jahre tiefgefroren wurden, teilten sie sich – ungeachtet der Unterbrechung – hinterher noch dreißigmal.

Zellen richten sich bei jeder Teilung nach den Instruktionen des Erbprogramms, das in der DNS der Chromosomen gespeichert ist. Auf diese Weise können sie wieder und wieder genaue und funktionsfähige Kopien von sich selbst herstellen – bis das Programm nach der 50. Zellteilung unleserlich und damit abgelaufen ist. Dann stirbt der Organismus.

1978 fand in Santa Monica, Kalifornien, ein Symposium statt, in dessen Verlauf Professor Hayflick den endgültigen Beweis dafür erbrachte, daß die entscheidenden Befehle tatsächlich vom Zellkern stammen. Hayflick und seine Mitarbeiter konnten die Zellkerne einer jungen und einer älteren Zelle durch das „Cytochalasin B“, eine mit Hilfe von Schimmelpilzen gewonnene Substanz, isolieren. Anschließend manipulierten die Wissenschaftler den jüngeren Zellkern in das Plasma einer alten Zelle. Diese gehorchte sofort den Befehlen aus der jüngeren Zentrale und teilte sich entsprechend oft.

Der sogenannte Hayflick-Effekt, d. h. die auf fünfzigmal begrenzte Teilungsfähigkeit menschlicher Gewebezellen, kann höchstwahrscheinlich damit erklärt werden, daß der DNS-Doppelstrang mit der Zeit immer *schadhafter* wird. Solange, bis die Zellerneuerung durch die Teilung nicht mehr gewährleistet ist.

Gerontologen – Altersforscher – haben mittlerweile erkannt, daß jede Zelle im Verlauf ihres Lebens den mannigfaltigsten Einflüssen ausgesetzt ist. Einflüsse, die das Erbprogramm beschädigen, die aber auch durch wirksame Selbstreparatur wieder ausgeglichen werden. Denn solche Veränderungen – Mutationen – werden durch den DNS-Reparaturdienst aus dem genetischen Code entfernt und gegen korrekte Ersatzteile ausgetauscht. Dabei bleiben winzige Protein-Partikelchen übrig, die für die Zelle nutzlos sind. Durch eine zelleigene „Müllabfuhr" werden diese Schadstoffe möglichst schnell abgebaut. Mit der 35. Zellteilung läßt die Reparaturfähigkeit aber erheblich nach und infolgedessen mehren sich die Mutationen. Der Prozentsatz der Abfallstoffe, der bis zur 40. Teilung noch rasch und problemlos abgebaut werden konnte, steigt gleichzeitig an. Von der 45. Teilung an bricht dann alles zusammen. Abfallprodukte, also belastende Eiweiße, verschlacken die Zelle und hindern sie schließlich an der Regeneration. Die Zelle stirbt.

Gerontologen sind inzwischen davon überzeugt, daß der Alterungsprozeß durch die verschiedensten Faktoren ausgelöst wird, wenn auch der Grund in der Zelle zu suchen ist, wo dieser Prozeß auf molekularer Ebene abläuft. Ein unkontrollierter Verfall von Zellen und somit nachlassende Funktionsfähigkeit sind für das Altern und den Alters-Tod verantwortlich. Aber letztlich ist die Ursache für all dies eine zunehmende Beschädigung der DNS-Information, die eine fehlerhafte Proteinsynthese zur Folge hat.

Je älter die Zelle ist, umso größere Schwierigkeiten bereitet ihr die Beseitigung von Ablagerungen. In vielen Zellen, insbesondere in den nicht länger teilungsfähigen, wie z. B. Gehirnzellen, Herzmuskel- oder Nervenzellen, häufen sich zellulare Abfallstoffe laufend, besonders aber die einer pigmentierten Fettsubstanz, Lipofuszin genannt. Oft ist die Zelle bis zu 30 Prozent mit diesen Abfällen verstopft und erstickt im eigenen „Müll". Lipofuszin ist hin und wieder sogar schon in den Zellen Neugeborener vorhanden. Manchmal sind Ablagerungen dieser Fettsubstanz auch auf „Vernetzungen" zurückzuführen – auf chemische Verbindungen, die sich an Proteinmolekülen und Nukleinsäuren verhaken und diese miteinander verketten. Sobald Makromoleküle auf diese Weise untereinander gefesselt werden, ist ihre Bewegungsfreiheit verständlicherweise stark blockiert. Kommen nun viele solcher Vernetzungen vor, können die Eiweiß- und Nukleinsäuremoleküle ihren Aufgaben im Organismus nicht mehr nachkommen.

Übrigens ist die Vernetzung auch für die mit zunehmendem Alter immer unelastischer, faltiger und lederiger werdende Haut verantwortlich. Denn die Collagen-Fasern – das Gerüst, durch das Zellen und Gewebe zusammengehalten werden – verketten. Bei einem jungen Menschen treten Vernetzungen nur selten auf. Doch mit den Jahren entstehen immer mehr, und der Funktionsablauf im Körper wird dadurch in zunehmendem Maße beeinträchtigt, bis dieser ganz zusammenbricht.

Einen großen Teil der Vernetzungen dürften sogenannte „Freie Radikale" verschulden, die auch an der Bildung von Lipofuszin beteiligt sind. Freie Radikale sind Atome oder

Atomgruppen mit einem oder höchstens zwei Elektronen, deren Reaktionsfreudigkeit auf dem „Paarungswillen“ mit einem Elektron beruht. Freie Radikale greifen das Gewebe an, vor allem die aus Fetten – Lipiden – bestehenden Zellmembranen, die sie durchlöchern. Natürlich ist ihr Einfluß auf den Alterungsprozeß daher ganz erheblich.

Es ist erwiesen, daß kosmische Strahlen in unseren Körperzellen Oxidationsprozesse – Lipidperoxidation – auslösen. Das heißt, Fette mit anomal hohem Sauerstoffgehalt produzieren Freie Radikale. Über eine Kettenreaktion kann ein einziges Radikal Tausenden von Molekülen Schaden zufügen, bevor es auf ein anderes Radikal stößt, mit dem es sich dann in einer Abbruchreaktion vereinigt. Komplexe Vorgänge dieser Art verdeutlichen, wie vielschichtig der Alterungsprozeß ist.

Albert Rosenfeld, Wissenschaftsredakteur vom *Saturday Review,* schreibt in seinem Buch „Prolongerity“: „Eine Reihe von Gerontologen ist nun aufgrund von Forschungsergebnissen zu folgenden Schlußfolgerungen gelangt:

1. daß die Hauptursachen des Alterungsprozesses im genetischen Erbprogramm zu suchen sind;
2. daß damit dann auch die Möglichkeit gegeben wäre, Ursache und Auswirkung des Alterns zu eliminieren;
3. daß die Kontrolle des Alterungsprozesses keine Zukunftsvision ist, sondern in greifbarer Nähe liegt;
4. daß Altern und Senilität damit hinfällig wären;
5. daß der nächste Schritt in der Evolution des Menschen eine Lebensspanne sein wird, die nicht nach Jahrzehnten, sondern nach Jahrhunderten zählt.

Viele Gerontologen sind sich darüber einig, daß es gar nicht mehr um die Frage geht, *ob* die menschliche Lebensspanne verlängert werden kann, sondern nur noch darum *wann,* um den Zeitpunkt.“

In mehr als 200 Forschungsprojekten wird in aller Welt intensiv an der Verwirklichung dieses Programms gearbeitet, d. h. daran, die besten Jahre des Menschen, also die vitalen aktiven Lebensjahre, drastisch zu verlängern. In einem hochinteressanten Forschungsprojekt an der Michigan Universität, USA, ist es bereits gelungen, die Lebensspanne von Mäusen durch einen Eingriff in ihre Homöostase mehr als zu verdoppeln.

Der tierische Organismus wird durch die Reaktion mit seiner Umwelt – also durch Nahrungsaufnahme, die Wach- und Schlafzyklen, Atmung, Reproduktion und einen festgelegten Wärmehaushalt aufrechterhalten. Dieser für die Existenz so bitter notwendige Gleichgewichtszustand – die Homöostase – ist ein Wunderwerk der Natur.

Die Homöostase wird bei uns durch einen wichtigen, etwa kirschgroßen Abschnitt des Zwischenhirns reguliert, den sogenannten Hypothalamus. Er ist direkt mit der Hypophyse, der Hirnanhangdrüse, verbunden und an einem besonders geschützten Ort im Kopf plaziert, nämlich unterhalb des Großhirns etwa in Nasenhöhe.

Die Aufgabe des Hypothalamus besteht vor allem darin, den Wärmehaushalt des Organismus zu regulieren und die Körpertemperatur, ungeachtet klimatischer Einflüsse, ständig auf 37° Celsius zu halten. Darüber hinaus sorgt er für geregelte Wach- und Schlafphasen, für den Fett- und Wasserhaushalt, den Blutdruck, die Atmung und das Sexualleben. Außerdem hat der Hypothalamus auch noch eine regulierende Funktion auf die von der Medizin so lange verkannte Thymusdrüse.

Ein weiteres lebenswichtiges Organ des menschlichen Körpers ist die mit dem Hypothalamus verbundene und zu 85 Prozent aus Wasser bestehende Hypophyse. Wenn sie auch weniger als ein Gramm wiegt, stellt sie doch *die* Hormone her, die für den harmonischen Ablauf der inneren Funktionen des Organismus verantwortlich sind.

Die Hypophyse, insbesondere aber der Hypothalamus spielen in Verbindung mit einem Medikament eine große Rolle, an dessen Entwicklung ein Forscherteam unter Leitung von Professor Barnett Rosenberg an der Universität Michigan in East Lansing, USA, arbeitet. Mit Hilfe dieses Medikaments soll die menschliche Lebenserwartung auf wenigstens 200 Jahre erhöht werden. Von der Thermodynamik her weiß man, daß Altern und Tod von der Temperatur abhängig sind.

So ist seit 1917 bekannt, daß eine Herabsetzung der Körpertemperatur den Prozeß des Alterns verlangsamt. In einer Reihe inzwischen klassisch gewordener Experimente entdeckten die Wissenschaftler J. Loeb und J.H. Northrop vom Rockefeller-Institut schon damals, daß die Lebensspanne von Fruchtfliegen beträchtlich verlängert werden konnte, wenn die übliche Temperatur von 25° Celsius auf 19° Celsius herabgesetzt wurde.

Inzwischen ist es in Experimenten mit Affen gelungen, die Körpertemperatur dieser Tiere um 6° Celsius zu senken. Das wurde durch minimale Dosen von Calciumionen in den Hypothalamus erreicht. Denn dadurch stellte sich der körpereigene Thermostat im Hypothalamus auf eine geringere Körpertemperatur ein. Das soll auch durch das von Rosenberg und seinem Team zu entwickelnde Medikament beim Menschen erreicht werden. Eine Herabsetzung unserer Körpertemperatur würde eine ungeheure Veränderung in der Lebenserwartung mit sich bringen, da der „Verbrennungsmotor" in uns niedertouriger laufen würde. Und trotzdem würde unser Organismus weiterhin ganz normal und ohne Nebenwirkungen funktionieren. Bei einer Neueinstellung des Hypothalamus auf 33° Celsius, anstatt unserer normalen Körpertemperatur von

37° Celsius, würde dem renommierten Wissenschaftler Rosenberg zufolge eine Lebensspanne von etwa 700 Jahren durchaus im Bereich der Möglichkeiten liegen. Die Tatsache, daß unsere Körpertemperatur durch dieses Medikament nicht abgestellt, sondern nur neu justiert wird, wäre Garant dafür, daß in unserem Befinden keine Änderung stattfände. Denn alle biochemischen Prozesse des Körpers wickeln sich ohnehin durch niedere „Antriebsenergie“ ab, da sie durch Fermente katalysiert werden. Käme das Rosenbergsche Medikament nun rechtzeitig zur Anwendung, sagen wir zwischen dem 35. und dem 60. Lebensjahr, wäre das Resultat ein wesentlich langsamer ablaufender Alterungsprozeß, d. h. eine Verlängerung der aktiven Lebensjahre.

Rund 400 Kilometer von Professor Rosenbergs Laboratorium entfernt, nämlich jenseits des Michigan-Sees in Madison, Wisconsin, arbeitet der aus Finnland stammende Biochemiker Dr. Johan Bjorksten seit vielen Jahren an einer anderen Variante der Lebensverlängerung. Er setzt im Kampf gegen das Altern Enzyme ein, die die Vernetzung unseres Körpers abbauen sollen. Das Revolutionäre am Konzept von Dr. Bjorksten ist der Gedanke, die Vernetzung durch bestimmte Enzyme rückgängig zu machen oder gar vollständig abzubauen. Er konnte bereits ein Enzym entwickeln – M.B.P. – das er erfolgreich einsetzte. Allerdings besteht die Schwierigkeit für Bjorksten darin, ein Enzym zu finden, das sich beim Abbau allein auf die schädlichen Vernetzungen beschränkt. Inzwischen wurden jedoch schon Substanzen, wie das Penicillamin gefunden, die altes unlösliches Collagen in junges lösliches umwandeln.

Augenblicklich testen amerikanische Wissenschaftler eine Droge, die einige der Begleiterscheinungen des Alterns verlangsamen soll. Die Forscher entdeckten ein Enzym, das im Alterungsprozeß eine besondere Rolle zu spielen scheint. Dieses Enzym – Monoamine Oxydase genannt – tritt in der Leber und im Gehirn auf und hat bis zum 45. Lebensjahr des Menschen die Aufgabe, auf bestimmte chemische Substanzen im Organismus regulierend einzuwirken. Mit zunehmendem Alter vermehrt sich allerdings auch dieses Enzym entsprechend und baut dadurch diese chemischen Substanzen in einem Maß ab, daß davon anscheinend die normalen Körperfunktionen in Mitleidenschaft gezogen werden. Die Reduzierung der chemischen Verbindungen scheint wiederum in ursächlichem Zusammenhang mit einigen der typischen physischen und auch psychischen Alterserscheinungen zu stehen.

Die spektakulärsten Zahlen stammen jedoch aus dem Forschungssektor, der sich mit dem Abbau der Vernetzung beschäftigt. Dr. Simms, ein Kollege von Dr. Bjorksten, läßt dazu verlauten: „Wenn es gelingt, die Altersveränderung, sprich Vernetzung, völlig rückläufig zu machen oder wenigstens so zu beeinflussen, daß der Mensch ständig über die Widerstandskraft eines Jugendlichen zwischen 15 und 20 Jahren verfügen könnte, dann läge die durchschnittliche Lebensdauer bei 800 Jahren."

Auch im Kampf gegen die Beschädigung der Zellmembranen durch Freie Radikale zeichnen sich Lösungsmöglichkeiten ab. Der Gerontologe Richard Hochschild experimentiert südlich von Los Angeles in seinem Laboratorium im Corona del Mar mit Zellmembranstabilisatoren. Es ist ihm bereits mit einer Droge gelungen, die Lebensspanne von Mäusen um bis zu 49 Prozent zu verlängern. Ein Testverfahren mit freiwilligen Versuchspersonen ist noch nicht abgeschlossen.

Professor Allan Goldstein, Leiter der Abteilung für Biochemie an der Universität Texas in Galvestone arbeitet dagegen mit Hormonen. Genauer gesagt, mit Hormonen der Thymusdrüse, die in der Altersforschung zunehmend an Bedeutung gewinnt, da sie eine Schlüsselrolle im körpereigenen Abwehrsystem spielt. Aus neuesten Forschungsergebnissen geht nun hervor, daß die Thymusdrüse während des ganzen Lebens von ausschlaggebender Bedeutung bleibt. Allerdings bildet sie sich nicht nur bei Erkrankungen und Streß zurück, sondern auch mit zunehmendem Alter. Diese Drüse läßt den Menschen schon im Stich, kaum daß er seine körperliche Reife erreicht hat und beginnt mit dem Ende der Pubertät zu verkümmern. Die Folgen sind schicksalhaft, da die Abwehrkräfte des Menschen allmählich erlahmen. Je größer die Thymusdrüse aber ist, umso besser funktioniert unser Immunsystem. Am Anfang und am Ende unseres Lebens ist unsere Widerstandskraft am schwächsten; die Thymusdrüse eines Neunzigjährigen ist daher auch genauso klein wie die eines neugeborenen Säuglings.

Wissenschaftler vermuten nun, daß die weißen Blutkörperchen – Lymphozyten – die den Thymus passieren, sozusagen von seinen Hormonen, insbesondere dem Thymushormon Thymosin, aufgeladen werden. So übernehmen sie die Trägerrolle in der Abwehr von Krankheiten und bösartigen Zellen.

Schon rein statistisch gesehen, gehören Krebs, Arthritis und Diabetes zur Gruppe der Altersdefekte. Aber auch Infektionskrankheiten treten im Alter häufiger auf als in der Jugend. Aus diesem Grund kommen immer mehr Forscher zur Überzeugung, daß das körpereigene Abwehrsystem mit den Jahren zusammenbricht. Wie alle anderen Zellen altern auch die T-Lymphozyten, die Polizei des Organismus, und verlieren dabei die Fähigkeit, kranke oder alte Zellen aufzuspüren und abzubauen.

Goldstein erforscht das Geheimnis der Thymusdrüse und

ihrer wertvollen Substanzen nun seit zehn Jahren. Er „macht Jagd“ auf ein bestimmtes Thymosin-Molekül – Thymosin-Alpha genannt – mit dem er bereits Erfolge bei Krebserkrankungen erzielt haben will.

Natürlich sind Wissenschaftler von der Idee, das gealterte Immunsystem wieder aufzufrischen, fasziniert. In Tierversuchen sind in dieser Richtung auch schon die ersten Erfolge zu verzeichnen. So im Zentrum für Altersforschung der Veterans Administration in Los Angeles, wo ein Forscherteam betagteren Mäusen Vorläuferzellen von T-Lymphozyten und den aus jüngeren Tieren gewonnenen Thymusextrakt injizierte. Das Abwehrsystem der älteren Tiere wurde dadurch für ein halbes Jahr ganz unerwartet aufgefrischt. Auf den Menschen übertragen, entspricht der Zeitraum von sechs Monaten 15 bis 20 Jahren! Nach T. Makinodan, dem Leiter des Forschungsprojektes, könnten einem jungen Menschen T-Lymphozyten entnommen, dann eingefroren und in einem Zyklus von jeweils zehn Jahren immer wieder injiziert werden. Auf diese Weise bliebe der Mensch von lebensbedrohenden Krankheiten verschont.

Sobald der australische Wüstenmäuserich seinen Nachwuchs gesichert hat, ist sein Leben verwirkt. Dafür verantwortlich ist eine „Todessubstanz“ aus seiner Hypophyse, die ihm augenblicklich nach dem Zeugungsakt den Tod beschert.

Den Lachsen blüht ein ähnliches Schicksal, da nach dem Laichen auch ihre Tage gezählt sind. Denn ein von der Hirnanhangdrüse freigesetztes Hormon setzt dem Leben der vor Gesundheit strotzenden Fische ein Ende, sobald der Nachwuchs gesichert ist. Warum hat die Natur wohl ein Todeshormon programmiert? Und könnte es blockiert werden, sobald es erkannt ist?

Tierversuche im Altersforschungsinstitut Baltimore im amerikanischen Bundesstaat Maryland warten mit aufsehenerregenden Ergebnissen auf. Durch die Verpflanzung von Thymusdrüsen und Knochenmark junger Mäuse auf alte Artgenossen wurde nicht nur deren Abwehrsystem wieder auf den Leistungsstand ihrer Jugend gebracht, sondern ihre Lebensspanne um rund 30 Prozent erweitert. Bis zu ihrem natürlichen Tod waren diese Mäuse bei bester Gesundheit und überstanden sogar eine Epidemie, die unter den Tausenden von Versuchstieren der Laboratorien wütete. Auf den Menschen angewandt hieße das: Ein Sechzigjähriger hat wieder die Abwehrkraft eines Zwanzigjährigen.

Dem namhaften Biologen Dr. Donner Denckla vom amerikanischen Roche-Institut in Nutley, New Jersey, gelang in Verbindung mit dem „Todeshormon" ein vielversprechendes Experiment. Er isolierte aus der Hirnanhangdrüse eines Rindes eine Substanz, die die Wirkung der Thymus-Drüsenhormone ausschaltet; also Eigenschaften, die Denckla auch bei einem menschlichen „Todeshormon" in Erwägung zieht. Es wäre also notwendig, dieses Hormon erst einmal aufzufinden und dann an die Entwicklung eines synthetischen Gegenhormons zu gehen. Das hieße, die Grundlage gefunden zu haben für ein Medikament gegen viele Krankheiten.

Dr. Denckla sagt: „Wenn der Mensch auf der Höhe der Funktionstüchtigkeit seines Hormonhaushalts, zwischen dem zehnten und zwölften Lebensjahr, beginnen würde, eine Pille gegen das Altern zu schlucken, könnte er seine Lebenserwartung zweifellos auf 200 bis 300 Jahre erhöhen."

Professor Jerome Wodinsky von der Brandeis-Universität im US-Bundesstaat Massachusetts stieß bei seinen Versuchen mit Tintenfischen durch Zufall auch auf ein „Todeshormon". Er operierte Tintenfischweibchen nach dem Laichen und entfernte hinter den freigelegten Augenhöhlen zwei Hormondrüsen. Auch Kraken gehören zu den Lebewesen, denen nach erfolgter Fortpflanzung nur noch wenige Tage beschieden sind. Sobald sich dieses Weichtier nun seiner etwa 150 000 Eier entledigt hat, verliert es seinen Appetit, altert rapide und stirbt kurz nach dem Schlüpfen des Nachwuchses. Auch der von Wodinsky operierte weibliche Krake war zum Tode verurteilt. Aber nach der Entfernung der Hormondrüsen erwachte in ihm ein ungeahnter Lebenswille. Das Tintenfischweibchen begann wieder ungehemmt zu fressen und starb erst sieben Monate nach der Operation. Es hatte siebenmal so lange gelebt wie jeder andere weibliche Krake vor ihm. Durch die operative Entfernung der zwei Hormondrüsen mußte zufällig ein „Selbstzerstörungsmechanismus" ausgeschaltet worden sein. Aufgrund weiterer Experimente kam Wodinsky schließlich zu dem Ergebnis, daß die beiden Drüsen neben anderen Sekreten auch ein Hormon herstellen, das den eigenen Organismus zum Tode verurteilt. Aus dieser Entdeckung leitet der Forscher neue Theorien über die biochemischen Vorgänge des Alterns ab. Er stellte fest, daß die Existenz des Todeshormons in Weichtieren die Schlußfolgerung zulasse, daß es keinen biologischen Grund dafür gebe, das Vorhandensein dieses Hormons in irgendeiner Form bei Säugetieren zu bezweifeln. Der Tod wäre danach also nicht das Resultat einer langsam nachlassenden Hormonproduktion, sondern vielmehr das Ergebnis eines zusätzlich produzierten Sekrets.

Die wohl sensationellste Entdeckung auf dem Gebiet der Hormone stammt von dem amerikanischen Biologen Carroll Williams von der Harvard-Universität. Er isolierte dieses Hormon aus dem Gehirn bestimmter Insekten im Raupenstadium. Wird es auf die Haut eines Insekts aufgetragen, setzt umgehend eine stark verjüngende Wirkung ein. Bei Mäusen ist der Effekt genauso dramatisch, der Prozeß des Alterns scheint aufzuhören.

So formt sich aus einer Reihe einzelner Resultate und Fakten langsam ein buntes Mosaik des Alterungsprozesses mit seinen Lösungsmöglichkeiten. Der Genetiker Professor Klaus Bayreuther von der Universität Stuttgart-Hohenheim experimentiert z. B. mit der Substanz Zentrophenoxin, die aus dem Pflanzenwachstumshormon Auxin und der Substanz Acetylcholin gewonnen wird, um damit die Zelle von unerwünschten Ballaststoffen, wie Lipofuszin, zu befreien. Bayreuther hat das Leben von Versuchsratten und Mäusen durch die Anwendung von Zentrophenoxin bereits ganz erheblich verlängert. Zudem stellte der Forscher durch elektronenmikroskopische Untersuchungen fest, daß menschliche Gehirnzellen durch diese Substanz länger funktionsfähig bleiben.

Der entscheidende Schritt in den Bemühungen um die Lebensverlängerung vollzieht sich jedoch auf genetischer Ebene. Und gerade auf diesem Gebiet zeichnen sich in jüngster Zeit revolutionäre Entwicklungen ab. So erhielten die Molekularbiologen W. Arber, Universität Basel, D. Nathans und H. Smith von der amerikanischen Joe-Hopkin-Universität, Baltimore, den Nobelpreis für Medizin für ihre grundlegenden Arbeiten über die ungewöhnlichen Restriktionsenzyme von Bakterien. Diese Restriktionsenzyme haben die Fähigkeit, die scheinbar unentwirrbaren Molekülketten der Erbinformationen auf biochemischem Weg wie mit einem Skalpell in ihre Einzelteile – Gene – zu zerlegen.

Das genaue Gegenteil entdeckten andere Amerikaner, die Biochemiker Stanley Cohen und Anni Chang von der Stanford-Universität, in Form des Ligase-Enzyms. Dieses Enzym ist in der Lage, einzelne Gene wieder zu Ketten zusammenzufügen. Und damit wäre dann ein Werkzeug zur Hand, das früher oder später genchirurgische Manipulationen ermöglichen könnte.

Sowjetrussischen Genetikern ist sogar schon der Versuch gelungen, ganze DNS-Abschnitte in Mäusezellenkulturen einzuschleusen, um so schadhafte Gene zu ersetzen.

Der Gerontologe Professor G. D. Berdyshev meint, daß das Einschleusen fremder und künstlicher Gene in den Organismus unfaßbare Perspektiven aufzeigt. „Auf diese Weise könnte die Ungerechtigkeit der Natur in bezug auf unsere kurze Lebensspanne korrigiert werden; und es sei auf die gleiche Art auch möglich, bestimmte Erbkrankheiten zu heilen", sagt Berdyshev.

Die Möglichkeit, intakte DNS in Zellen einzuschleusen, ist nicht die einzige von sowjetrussischen Forschern entwickelte Methode. Sie stießen auch auf ein Enzym, das von einer Zellteilung zur anderen den geschädigten DNS-Strang in zunehmendem Maß instandsetzt. Es gelang sogar im Experiment, ein solches „Reparaturenzym" in die Zellen von Säugetieren einzuschmuggeln.

Das Altern mit seinem tödlichen Ende ist wohl die größte Herausforderung der Evolution für den Menschen. Der Sieg über diese gravierende Bedrohung, die den Menschen und seine Welt gezeichnet hat, ist nun in Reichweite.

Wissenschaftler untersuchen das Problem des Alterns von jedem nur möglichen Blickwinkel aus und überraschen mit ständig neuen Erkenntnissen und Gegenmaßnahmen. Lebensverlängerung ist keine Utopie und gehört auch nicht mehr in den Bereich von Science-fiction. Lebensverlängerung ist vielmehr der nächste Schritt in der Evolution, wobei der Supermensch eine Lebenserwartung von Jahrhunderten in jugendlicher Frische haben wird.

Status quo

Von Maus und Mensch

„Welchen Sinn hätte es, dem Leben weitere Jahre zu geben. Die Folgen wären doch katastrophal; das Resultat ein totaler sozialer und ökonomischer Zusammenbruch. Und wie, vor allem, wollen Sie das Problem der Überbevölkerung lösen", gab Frost zu bedenken.

„Natürlich tauchen mit der Lebensverlängerung Probleme auf", gab Lahn zu.

„Wenn beispielsweise alles irdische Leben von Anfang an unsterblich gewesen wäre, wenn es also keinen Tod gäbe, dann würden wir uns jetzt als Teil eines massiven Fleischklumpens mit Beinah-Lichtgeschwindigkeit im Universum ausbreiten. Das ist einmal errechnet worden. Aber ganz abgesehen davon, war das Problem der Überbevölkerung auch *ohne* Lebensverlängerung schon längst akut.

Ohne eine strenge, aber humane Geburtenkontrolle könnte eine Lebensverlängerung selbstverständlich gar nicht durchgeführt werden. Doch mit einer Droge, die das Leben verlängert, ließe sich ein Antibaby-Präparat kombinieren. Wer nun seine Lebensdauer ausdehnen will, würde damit automatisch auf Nachwuchs verzichten. Es wäre auch eine andere Lösung denkbar, zum Beispiel ein Antibaby-Zusatz im Trinkwasser. Denn obgleich die Geburtenrate in einigen wenigen Ländern inzwischen rückläufig war, war sie doch, global gesehen, in besorgniserregender Weise gewachsen. Die Erlaubnis zur

Zeugung von Nachwuchs und auch die Zuteilung von Gegenmitteln, d. h. einer Probaby-Pille, sollte dann nur durch eine übernationale Organisation erfolgen. Sie könnte auch für die *unbestechliche* Regulierung und Kontrolle des weltweiten Nachwuchses zuständig sein."

„Würde eine Gesellschaft der ‚Unsterblichen' oder wenigstens Langlebigen nicht aus stumpfsinnigen Langeweilern bestehen? Wäre sie nicht ohne jede Lebensfreude und Unternehmungsgeist, ängstlich bemüht, jedes Risiko zu meiden? Würde eine solche Gesellschaft nicht stagnieren? Und wären ihre Mitglieder nicht allein vom nackten Überlebenswillen besessen und davon, ihr so kostbares verlängertes Leben zu hüten? Würden sie nicht neurotisch auf ihrem mühsam zusammengekratzten Vermögen sitzen, das sie für ein Leben von 200, 300 oder auch 500 Jahren so dringend brauchen?" argumentierte Frost.

„Natürlich würden Menschen, die tatsächlich an nichts anderes als das eigene Überleben denken, damit die Zivilisation, in der sie leben, zum Untergang verurteilen. Denn ohne den Mut zum Risiko, den Willen zur Veränderung kann keine Zivilisation überleben. Im übrigen glaube ich nicht, daß die Mitglieder einer Gesellschaft von ‚Unsterblichen' grundsätzlich anders wären als die anderer Zivilisationen – nicht besser, aber auch nicht schlechter. Selbstverständlich wäre es notwendig, eine Reihe von staatlichen und sozialen Einrichtungen grundlegend zu ändern; vor allem die Rentengesetze, das Bildungswesen, den Strafvollzug und auch das Versicherungswesen. Solche Institutionen scheinen nur deswegen unantastbar zu sein, weil sie den Bedürfnissen des menschlichen Status quo angepaßt wurden. Sobald sich aber Zustand und Beschaffenheit des Menschen ändern, dürften auch andere Einrichtungen, die dem neuen Status mehr entsprechen, über kurz oder lang genauso selbstverständlich werden. Der Übergang von den alten zu neuen Institutionen wäre zwar nicht leicht, aber auch nicht unmöglich.

Doch grundsätzlich geht es hier nicht um die Frage, ob Lebensverlängerung wünschenswert ist oder nicht, sondern darum, daß sie letzten Endes nicht vermieden werden kann. Denn Grundlagenforschung läßt sich nun einmal nicht aufhalten."

„Eine Maus ist aber kein Mensch! Wie können Sie also so sicher sein, daß die Lebensverlängerung, die bei einer Maus erreicht werden kann, auch auf den Menschen anwendbar ist?"

„Vom biologischen Standpunkt aus betrachtet, gibt es zwischen den Reaktionen von Mäusen und Menschen kaum nennenswerte Unterschiede", sagte Lahn. „Wenn zum Beispiel die Erprobung eines Medikaments bei Mäusen positiv verlief, gingen Wissenschaftler in vielen Fällen direkt zum Menschen über. Daher kann man davon ausgehen, daß lebensverlängernde Mittel, die bei Mäusen funktionieren, beim Menschen grundsätzlich eine gleiche Wirkung haben. Allerdings kann der bei Mäusen erreichte Prozentsatz der Lebensverlängerung nicht unbedingt auf den Menschen übertragen werden."

„Gut. – Aber was veranlaßte eigentlich diesen Dr. Simms, eine mögliche Lebensspanne von 800 Jahren zu veranschlagen?"

„Meines Wissens hat er sie von der potentiellen Lebensspanne des menschlichen Gehirns abgeleitet", antwortete Lahn. „Denn von der Anlage her könnte das Gehirn mit seinen etwa zehn Milliarden nicht teilungsfähiger Zellen 800 bis 1000 Jahre leben. Aus diesem Grund haben einige Wissenschaftler vermutet, daß die Grenze einer möglichen Lebensverlängerung letztlich vom Gehirn bestimmt wird."

„So? Vielleicht haben Sie dann auch ein Rezept dafür, Professor, wie der Supermensch ein so langes Leben psychisch verkraften kann", unterbrach Frost.

„Aber warum sollte er es nicht verkraften, er würde doch länger jung und vital bleiben. Und davon ganz abgesehen, wäre sein Gehirnpotential für eine solche Lebensspanne auch groß genug. Denn bisher hat der Mensch doch nur etwa den zehnten Teil seiner Hirnkapazität genutzt. Und mit den Neuerungen, die dem Supermenschen auf allen wissenschaftlichen und kulturellen Gebieten zur Verfügung stehen, könnte ihm vielleicht sogar sein verlängertes Leben zu kurz sein", widersprach Lahn.

„In meinen Augen ist die Lebensverlängerung etwas ungeheuer Positives. Altern und Tod wären nichts als ein historisches Ereignis. Und bei einem längeren Leben hätte doch jedermann die Chance und auch die Zeit, all den Interessen nachzugehen, die ihm die jetzige Lebensdauer versagt hat. Die kurze Vitalitätsspanne, die uns bisher vergönnt war, reichte doch durchschnittlich allenfalls zur bloßen Selbsterhaltung.

Sobald der einzelne von den Konsequenzen der Überbevölkerung, der Umweltverschmutzung und den stümperhaften Maßnahmen der Politik persönlich betroffen wird, ist er auch viel geneigter, sich für Gegenmaßnahmen einzusetzen. Sogar jene, die nur auf ihren wirtschaftlichen und persönlichen Vorteil geachtet haben, würden unter solchen Umständen wahrscheinlich die Umweltverschmutzung mit anderen Augen sehen: die in Flüsse abgeleiteten Abwässer aller Art, die Qualmwolken aus Fabrikschloten, die vom Öl verseuchten Küstenstreifen in aller Welt, die durch Schädlingsbekämpfungsmittel vergiftete Tier- und Pflanzenwelt und vieles mehr. Ja, vielleicht sogar aus eigener Initiative zu vorbeugenden Maßnahmen beisteuern. Denn schließlich wäre ja auch die von ihnen selbst eingeatmete Luft verseucht, das eigene Trinkwasser, Lebensmittel, die auch sie genießen; ihre Annehmlichkeiten, ihre Gesundheit und auch ihr längeres Leben wären ja in Gefahr! Der Mensch hätte damit zum erstenmal die Macht, diese Werte seines Lebens selbst zu bestimmen. Er wäre umweltbewußter, weil er wesentlich länger mit dieser Umwelt leben müßte."

„Faszinierende Aussichten", meinte Frost. „Aber wem hilft schon eine Lebensverlängerung, wenn beinahe jeder zweite irgendeine Krankheit hat, wie das bisher der Fall war.

Hätten Sie etwa Lust, Professor, 300 Jahre dahinzukränkeln?"

„Natürlich nicht", versetzte Lahn ungehalten. „Schließlich kann davon auch gar nicht die Rede sein. Denn dem Supermenschen würden revolutionäre medizinische Verfahren zur Verfügung stehen."

Symptome

Medizin von morgen

Die Furcht vor der Krankheit ist größer als die Furcht vor dem Tod. Das geht aus einer Umfrage hervor.

Der Mensch hatte schon immer gegen Krankheiten zu kämpfen. Seine z. T. intuitiv gefundenen Gegenmaßnahmen führten bereits in der Steinzeit zu einer Art „Unfallchirurgie". So wurden Knochenbrüche versorgt, Wunden genäht und Verbände angelegt. Es konnte sogar eindeutig nachgewiesen werden, daß seit der Jungsteinzeit Versuche unternommen wurden, durch chirurgische Eingriffe, wie Schädeldeckendurchbohrungen, Krankheiten zu heilen.

In der Behandlung von Kranken wurden schweißtreibende, abführende und auch schmerzstillende Mittel, wie z. B. Hanf und Opium, verwendet. Der Blutentzug erfolgte durch den Aderlaß, Schröpfkopf und andere Methoden.

Als der Mensch anfing, sich Gedanken über die Ursachen von Krankheiten zu machen, war das Stadium der rein auf Erfahrung beruhenden Behandlungsweise bereits überwunden. Die erste These entwickelte sich – die sogenannte Fremdkörpertheorie. Danach wurde die Krankheit als eigenständiges Wesen betrachtet – als Fremdkörper, der in den Menschen eingedrungen war. Krankheit schien nun durch magisch-dämonische Kräfte hervorgerufen, von denen die ganze Welt erfüllt ist. An die Stelle des erfahrenen Heilkundigen trat der geheimnisumwitterte Medizinmann oder Priester, der mit Hilfe von Beschwörung und Dämonenvertreibung Krankheiten zu heilen suchte. Kennzeichnend für den Besessenheitsglauben war die Vorstellung von der Zauberkrankheit und der Personifizierung des Fremdkörpers. In vielen Religionen bedeutete Krankheit eine Strafe oder Prüfung der Götter. Sie wurde durch kultische Heilmittel und theurgische Medizin behandelt (Theurgie = heidnische Kunst der zauberhaften Beschwörung von Göttern und ihrer Hilfe).

In der Menschheitsgeschichte gab es schon sehr früh eine Kaste von Medizinmännern und Schamanen, die durch überlieferte Rituale und Erfahrungen für die Heilung von Kranken zuständig waren. Krankheit, Tod und das Weiterleben nach dem Tod waren stets Grundkomponente des über die ganze Welt verbreiteten Schamanismus. Er reicht wahrscheinlich bis zum Anfang der Menschheitsgeschichte zurück und ist im Grunde der Ursprung aller Mythologien, Religionen und auch der Medizin. Es ist hier vielleicht von Interesse, eine typische Schamanen-Behandlung zu schildern, um damit den Kontrast zu den Therapien moderner Medizin zu veranschaulichen.

Dem Schamanen, dem Zauberpriester, kam als Vermittler zwischen den Geistern, den Seelen der Verstorbenen und seinen Stammesbrüdern vor allem die Aufgabe des Arztes zu. Wurde er zu einem Kranken gerufen, trug er ein besonderes Gewand; einen langen Schurz, Leder- und Tuchstreifen, einen Fransenschmuck, der das Gesicht bedeckt, Glöckchen und klirrende Metallanhänger und manchmal einen zusätzlichen Kopfputz. In Sibirien und bei den Eskimos benutzt der Schamane noch heute ein Tamburin oder eine Trommel, durch deren Klang und zusätzliche kultische Gesänge er sich tanzend langsam in Ekstase versetzt, um auf diese Weise mit den Geistern Kontakt aufzunehmen.

Der Schamanismus kennt zwei Hauptarten von Krankheiten: solche, die auf das Eindringen eines krankheitserregenden Fremdkörpers zurückgeführt werden, und andere, die vom „Verlust der Seele“ herrühren sollen. Die Behandlung beider ist grundverschieden. Im ersten Fall muß das Übel, durch das die Krankheit verursacht wurde, ausgetrieben werden; im zweiten geht es darum, die flüchtige Seele des Kranken wieder einzufangen und an ihren alten Platz zurückzubringen. Außer dem Schamanen ist dazu niemand imstande, denn nur ihm ist es gegeben, Seelen zu erkennen und wieder einzufangen. In Gemeinschaften, in denen außer dem Schamanen auch noch Medizinmänner Krankheiten behandeln, kann trotzdem nur der Schamane die Behandlung des „Verlustes der Seele“ durchführen. Denn er verfügt über eine Reihe hilfreicher Geister, die für ihn nach der Ursache der Krankheit suchen, während er sich in Trance versetzt hat. Daher enthält eine Schamanensitzung immer auch eine Geisterbeschwörung.

Die Sitzungen finden nachts statt und meistens in der Behausung des Kranken. Beide, Schamane und Kranker, haben sich bei diesem Ritual nach bestimmten Verboten zu richten. Ganz allgemein muß alles Unreine gemieden werden, dazu gehören auch menstruierende oder schwangere Frauen. Fleischgenuß und gesalzene Gerichte sind nicht erlaubt. Um sich radikal zu reinigen, benutzt der Schamane ein Brechmittel. Am frühen Morgen nimmt er ein Bad und versinkt mit einbrechender Dämmerung in Meditation und Gebete. Die Behandlung beginnt mit einer Befragung des Kranken, von dem er wissen möchte, was er getan hat, bevor er krank wurde. Daraus schließt er dann auf die Ursache der Krankheit. Danach gibt er die Anweisung zur Fertigung eines drei bis vier Meter lagen Stockes aus Weidenholz. An seiner Spitze befestigt der Schamane eine Adlerfeder und stellt ihn zu Häupten des Patienten auf.

Während der ersten Nacht bleibt die Feder bei dem Kranken, aber der Stock wird sorgfältig vor jeder Verunreinigung, etwa durch Hunde, bewahrt, damit der Schamane nicht erkrankt.

Die Adlerfeder hatte in der Schamanenheilung der Indianer Nordamerikas eine besondere Bedeutung. Denn höchstwahrscheinlich hat sie den magischen Flug und die ekstatischen Erlebnisse des Schamanen symbolisiert.

Am Abend gegen neun besucht der Schamane den Kranken. In seiner Begleitung ist der Dolmetsch, der „Sprecher", der alle gemurmelten Worte des Schamanen laut wiederholt. Nachdem der Dolmetsch ein Gebet gesprochen hat, wendet er sich direkt an die Krankheit und teilt ihr die Ankunft des Schamanen mit. Manchmal wendet er sich auch inmitten der Sitzung an den Schamanen und fleht ihn nach einem festgelegten Ritual an, den Kranken zu heilen.

Barfuß, mit entblößtem Oberkörper und unter leisem Singen nähert sich der Schamane dem Kranken. Die Anwesenden, die sich an die Zimmerwände zurückgezogen haben, wiederholen gemeinsam mit dem Dolmetsch die improvisierten Gesänge des Schamanen, von denen dieser am Ende der Sitzung nichts mehr weiß. Denn die Inspiration zum Singen entsteht in der Ekstase, um auf diese Weise die Hilfsgeister zu rufen.

Schließlich erhebt sich der Schamane und geht im Kreis um das mitten im Haus brennende Feuer. Danach kehrt er wieder auf seinen Platz zurück, zündet sich eine Pfeife an und raucht ein paar Züge, bevor er sie an die Anwesenden weitergibt. Diese machen auf seine Aufforderung hin ebenfalls einige Züge. Der Singsang geht indes weiter. Es hängt nun von der Natur der Krankheit ab, wie die Zeremonie weiter verläuft. Ist der Kranke bewußtlos, leidet er offensichtlich unter dem „Verlust der Seele", dann muß sich der Schamane umgehend in

Trance versetzen, um die Diagnose zu stellen oder um mit seinen „Kräften" die Behandlung festzulegen. Das aber kann nur ein sehr starker Schamane.

Die in der Ekstase auftauchenden Bilder entschleiern dem Schamanen die Ursache der Krankheit. Singend erwacht er schließlich aus seiner Trance, bis er endlich wieder bei vollem Bewußtsein ist. In einer langen Erzählung gibt er den Anwesenden über die Ursache der Krankheit Auskunft. Ist diese ein in den Körper des Kranken eingedrungener magischer Fremdkörper, beginnt der Schamane mit dessen Extraktion. Er saugt an der Stelle des Körpers, wo er in der Ekstase den Krankheitsherd gesehen hat. Manche Schamanen benutzen dazu einen Knochen oder ein Rohr aus Weidenholz. Vom Gesang der Anwesenden und des Dolmetsch begleitet, geht die Operation ihren Gang, bis der Schamane heftig mit seiner Glocke läutet. Nun spuckt der Schamane das ausgesaugte Blut in ein dafür vorbereitetes Loch, raucht ein paar Züge aus seiner Pfeife, tanzt erneut ums Feuer und beginnt den Krankheitsherd wieder auszusaugen, bis er den magischen Gegenstand – ein Steinchen, ein Insekt, eine Eidechse, einen Wurm – aus dem Kranken herausgesogen hat. Er zeigt ihn herum, wirft ihn in das kleine Loch und füllt es mit Staub. Bis gegen Mitternacht dauern die Gesänge und wird die Pfeife geraucht, dann folgt nach den Weisungen des Schamanen ein Essen, an dem er selbst aber nicht teilnimmt. Erst mit Anbruch der Morgendämmerung neigt sich das Ritual dem Ende zu. Kurz vorher bittet der Schamane die Anwesenden, mit ihm für etwa eine Viertelstunde singend um das Feuer zu tanzen. Danach gibt er den Angehörigen des Kranken noch Anweisungen über dessen Diät und die Zeichen, die auf seinen Körper gemalt werden müssen. Damit ist die Krankenbehandlung beendet.

Aus diesem magischen Ritual kristallisierte sich langsam eine wissenschaftliche Medizin heraus. So gab es z. B. schon in China vor 4000 Jahren eine relativ hochentwickelte pharmazeutische und medizinische Literatur, die auf Bambustäfelchen festgehalten wurde. Neben der Nennung von Indikationen wurden hier auch die geeigneten Drogen, deren Mengenverhältnisse in Rezepten, die jeweilige Einzeldosis und endlich die passende Arzneiform aufgeführt. Dabei spielte die Behandlung mit Kräutern eine große Rolle.

Etwa 1500 Jahre später entstand in Griechenland eine Theorie, die für die Medizin lange maßgebend bleiben sollte. Denn der vom griechischen Volk vergötterte Philosoph und Heilkundige Empedokles, 490 v. Chr. in Agrigent geboren, entwickelte die sogenannte Humoraltheorie, die der große griechische Arzt Hippokrates von Kos (ca. 460–375 v. Chr.) auf die Medizin anwandte.

Nach der Humoraltheorie, die aus den vier Urqualitäten – kalt, warm, trocken, feucht – abgeleitet wird, entstehen die Elemente durch die Kombination von Eigenschaftspaaren: trocken und kalt = Erde; warm und feucht = Luft; kalt und feucht = Wasser; trocken und warm = Feuer.

In einer Sammlung von ärztlichen Traktaten, die auf Hippokrates zurückgehen, ist auch das Buch über die Natur des Menschen enthalten. Darin sind allem Anschein nach erstmals die vier Körpersäfte des Menschen erwähnt und in ein System gebracht worden. Demzufolge sind die vier „Kardinalsäfte" – Blut, Schleim, dunkle und helle Galle – die Träger des Lebens. Sie entsprechen mit ihren Primärqualitäten den vier Elementen – Erde, Wasser, Luft und Feuer. Stehen diese vier Säfte im richtigen Verhältnis zueinander, ist die Gesundheit gewährleistet. Aber jede Abweichung davon bringt Krankheit.

Hippokrates entstammte einer alteingesessenen Ärztefamilie. Traditionsgemäß wurde geheimes Wissen vom Vater auf den Sohn vererbt. Der Ursprung dieser medizinischen Erkenntnis geht allerdings auf die Babylonier und Ägypter zurück und wurde in Tempelaufzeichnungen festgehalten. Diese Tempel waren dem Gott der Heilung – Äskulap – geweiht, und die berühmtesten befanden sich in Kos, Epidaurus, Rom, Pergamon und Athen. Damals suchten die Kranken diese Tempel auf, um dort im Schlaf Heilmittel für ihre Genesung zu erfahren. Für Hippokrates war der Einfluß des kosmischen Geschehens und der Umwelt auf die Gesundheit des Menschen von ausschlaggebender Bedeutung. Dieser hervorragende Arzt vereinte wissenschaftliches Denken, gute Beobachtungsgabe und medizinisches Können mit hohem ärztlichem und menschlichem Ethos. In seinen Tempeln waren die Kranken einer stark suggestiven, die Heilung fördernden Atmosphäre ausgesetzt. Alles war hier auf die Genesung der Kranken abgestimmt: Bäder, Diät, Alkoholverbot, Opfer und religiöse Riten.

Die Lehre von den Säften wurde durch den berühmtesten Arzt der Antike nach Hippokrates – den in Pergamon geborenen Claudius Galen – weiterentwickelt. Er vereinte das gesamte Wissen der antiken Heilkunde in einem lückenlosen, logischen System, das während des ganzen Mittelalters, bis zum Beginn der Neuzeit, als maßgebende Lehre galt. Galen kombinierte die antike Viersäftelehre in einer konsequent durchdachten Theorie mit einer besonderen Pneumalehre, einer Atemlehre, nach der die in der Atemluft gegebene Substanz als Träger des Lebens galt und ihr Versagen als Wesen der Krankheit angesehen wurde.

In seiner Jugend erhielt Galen eine umfassende philosophische Ausbildung und studierte danach in Pergamon, Smyrna, Korinth und Alexandrien Medizin. Im Jahre 158 kehrte er in seine Heimatstadt zurück und übernahm dort die medizinische Betreuung von Gladiatoren. Die nächste Station seines Lebens war Rom, wo er ab 164 seiner ärztlichen Praxis mit viel Erfolg nachging und sich auch durch öffentliche Vorlesungen über Anatomie einen ausgezeichneten Namen erwarb. Die Attakken seiner eifersüchtigen Rivalen verleideten ihm jedoch Rom derart, daß er die Stadt nach drei Jahren verließ. Er machte Forschungsreisen durch Griechenland und Asien, bis er schließlich wieder in seine Heimatstadt Pergamon zurückkehrte. Doch auch hier hielt es ihn nicht lange, da er von Kaiser Marc Aurel schon bald nach Rom zurückberufen wurde. Dort starb er schließlich in seinem 70. Lebensjahr, von seinen Zeitgenossen hoch verehrt und voll anerkannt. Galens exakte Beobachtungen am Krankenbett und bei Tierversuchen wurden allerdings durch seine religiöse Einstellung beeinträchtigt.

Mit Beginn der modernen Chemie trat die Säftelehre in ein neues Stadium. Der Naturforscher und Arzt Paracelsus (1493–1541), eigentlich Theophrast von Hohenheim, ersetzte die überlieferten vier Säfte durch drei chemische Prinzipien – Salz, Quecksilber und Schwefel – als Symbole von Stoffen und Kräften, die das lebendige Substrat des Körpers bilden. Paracelsus muß in gewisser Weise als Begründer der Chemotherapie betrachtet werden, da er zunehmend Mineralien in den überlieferten Arzneimittelschatz einführte.

Bereits 1347 bis 1352 hatte der Schwarze Tode – die Pest – in Europa gehaust und ganze Landstriche entvölkert. Immer wieder traten im 15., 16., 17. und sogar noch im 18. Jahrhundert furchtbare Pestepidemien auf, die ursprünglich von Rattenflöhen übertragen wurden. Denn bei einer Ausrottung oder übermäßigen Dezimierung dieser Nagetiere, suchen sich ihre Parasiten, die Flöhe, einen neuen Wirt – den Menschen! Die Pest wurde vor allem durch Ratten von orientalischen Frachtschiffen in die europäischen Häfen eingeschleppt, von wo sie sich über ganz Europa verbreitete. Noch im Jahre 1936 kam es auf der Insel Malta zu einem Pestausbruch.

Wie bei den meisten Krankheiten war auch die Behandlung von Seuchen im Mittelalter nicht nur ziemlich nutzlos, sondern gelegentlich sogar gesundheitsschädigend. Kardinal Gastaldi, der während der Pestjahre 1656 und 1657 für das römische Gesundheitswesen zuständig war, schrieb in seinen berühmten Abhandlungen über die Pest, daß die ärztlichen Traktate über die Heilung der Seuche zwar viel Staub aufwirbelten, aber wenig Licht ins Dunkel brächten. Die Behandlung der Pest habe sich in der Praxis als wertlos, zeitweilig sogar als gefährlich erwiesen. Und wie es im Volksmund heiße, sei die beste Prophylaxe, so schnell wie möglich davonzulaufen.

Zweifellos waren die Diagnosen fortschrittlicher als die Therapien, wenn auch keineswegs immer richtig. Die Ärzte erkannten zwar die Beulenpest, sie hatten aber keinen Anhaltspunkt, um die Lungenpest diagnostizieren zu können. Aus einigen ärztlichen Abhandlungen des 16. Jahrhunderts geht klar hervor, daß viele Ärzte in ihren Berichten den Ausbruch der Pest verneinten, weil äußere Merkmale fehlten, wie Karbunkel, Beulen, Knoten oder andere, an denen Pestkranke üblicherweise erkannt wurden.

Weit fortschrittlicher als Therapie und Diagnose waren gesetzliche Vorschriften und Maßnahmen, die die Verbreitung dieser Geißel der Menschheit verhindern oder unter Kontrolle halten sollten.

Unter Ärzten und Gesundheitsbeamten war unverändert der Glaube an den Einfluß der Gestirne verbreitet. In einem Bericht des Arztes und Gesundheitsbeamten Dr. Tadino aus Mailand heißt es beispielsweise, daß Jupiter und Saturn im Jahr

1630 in Konjunktion stünden und dies eine Warnung vor tödlichen Seuchen sei. Wenn Ärzte und Beamte des Gesundheitswesens auch nicht vorbehaltlos an den Einfluß der Konjunktion der Sterne glaubten, so schlossen sie doch eine mögliche Anfälligkeit für den Ausbruch von Seuchen in dieser Zeit nicht aus. Sie waren allerdings davon überzeugt, daß Seuchen grundsätzlich durch Ansteckung übertragen wurden, und daß die Möglichkeit der Ansteckung durch Berührung ebenso gegeben war wie durch den Atem. Auch der Bischof von Mailand vertrat diese Ansicht. Aus diesem Grunde mußten die Gesunden im Fall einer Seuche unverzüglich von den Erkrankten ferngehalten werden. Dasselbe traf auf infizierte Tiere und Gegenstände zu. Handel und jegliches Zusammentreffen an verseuchten Plätzen wurden sofort unterbunden. Kranke wurden isoliert und die verschiedensten Quarantänemaßnahmen ergriffen; darüber hinaus gab es sogar Gesundheitspässe. Solche Maßnahmen waren zwar nicht wissenschaftlich fundiert, erwiesen sich aber in der Praxis als sehr nützlich.

Erst 1894 wurde der Pesterreger durch den japanischen Bakteriologen Baron S. Kitasato, Mitarbeiter von Robert Koch, und dem Schweizer Tropenarzt A. Yersin, Präparator am Pariser Pasteur-Institut, entdeckt. Yersin entwickelte ein Serum zur Behandlung der Pest, das nach ihm benannt wurde. Die Weiterentwicklung von Naturwissenschaft und Technik wirkte sich natürlich auch auf die Medizin positiv aus, da sie zu neuen Methoden der Diagnose, Prognose, Therapie und Krankenvorsorge führte.

Mit Anbruch des 20. Jahrhunderts wurde dann durch Erkenntnisse auf den verschiedensten Gebieten, u. a. der Physik und Chemie, der Bakteriologie, der Hormonlehre und nicht zuletzt der psychosomatischen Medizin, der Weg zu einer großen Synthese bereitet. Untersuchungs- und Behandlungsmethoden wie Elektrodiagnostik, Röntgendiagnostik und serologische Untersuchungsmethoden kamen zur Anwendung. Die experimentelle Pharmakologie wartete ihrerseits mit neuen Medikamenten auf, zu denen auch Sulfonamide und Antibiotika gehörten, die entscheidenden Einfluß auf den medizinischen Fortschritt hatten.

Und trotzdem ist Krankheit nach wie vor eines der größten menschlichen Probleme. Obwohl den Medizinern die modernsten Computer für die Analyse- und Diagnoseerstellung zur Verfügung stehen, obwohl es revolutionäre Untersuchungsverfahren gibt wie z. B. in der Nuklearmedizin die Szintigraphie – die Lokalisierungsdiagnostik unter Verwendung von Radionukleiden – und die pharmazeutische Industrie unzählige Medikamente produziert und neu entwickelt, konnten Leiden wie Krebs, Herz- und Kreislauferkrankungen oder auch Diabetes und viele andere bisher nicht besiegt werden.

Einer grauenhaften Bilanz zufolge wird die Geißel Krebs allein in diesem Jahr in der Bundesrepublik Deutschland knapp 230 000 neue Opfer fordern – das Jahreskontingent. Davon haben kaum 30 Prozent die Chance zu überleben.

Doch zum erstenmal besteht nun eine gewisse Hoffnung, daß der bisher unangreifbare Erreger dieser Krankheit demaskiert und bekämpft werden kann. Seit rund 20 Jahren hat die internationale Krebsforschung dem Mörder Krebs den totalen Krieg erklärt, mit einem Aufwand, wie er nie zuvor in der Geschichte der Medizin betrieben worden ist. In allen Erdteilen bemühen sich Tausende von Wissenschaftlern und Ärzten darum, dieser Menschheitsgeißel den Garaus zu machen. Nach zwanzigjähriger unendlicher Mühe, der Sammlung von Fakten, Analysen und Entdeckungen beginnt sich das Geheimnis um den Krebserreger – ein Virus, wie einige Krebsforscher jetzt vermuten – nun endlich zu lüften.

Entgegen ihrer bisherigen Meinung, daß Krebs eine Vielzahl von Erkrankungen bedeutet – Karzinome, Leukämie, Hodgkinsche Krankheit usw. –, kamen die Wissenschaftler nun zu einem völlig neuen Krankheitsbild: Wenn auch jede einzelne Zelle ihren festen Platz im Gesamtsystem des menschlichen Organismus einnimmt und ihren Aufgabenbereich erfüllt, kommt es doch vor, daß sich plötzlich irgendwo im Magen, in den Lungen, im Bauch, in der Brust oder wo auch immer Zellen bilden, die sich unkontrolliert zu teilen beginnen und zu wild wuchernden Knoten und Geschwülsten werden, die das geordnete Zellensystem sprengen – Krebs.

Aus neuesten Forschungsergebnissen schließen diese Krebsforscher nun, daß bestimmte Viren den Krebs auslösen. Sie schmuggeln sich in gesunde Zellen ein, lösen sich dort völlig auf und programmieren die besetzte Zelle durch ihre eigenen DNS-Befehle um. Wenn der Organismus ausreichende Abwehrkraft besitzt, kapselt die körpereigene Polizei den Eindringling ab und setzt ihn so außer Gefecht. Erst wenn die befallenen Zellen durch den Alterungsprozeß, Umwelteinflüsse oder andere Umstände geschwächt sind, kann die fremde, getarnte Nukleinsäure des eingedrungenen Virus den Befehl zur unaufhörlichen Zellteilung geben – bis der Krebs mit seinen Metastasen den befallenen Organismus zerstört hat.

Bisher sind Krebsgeschwülste entweder durch Operation entfernt oder bestrahlt worden, wobei der Tumor verbrannt wird; darüber hinaus gibt es medikamentöse Behandlungsmethoden. Aber keine dieser Methoden kann den Anspruch erheben, wirklich befriedigend und erfolgreich zu sein. Denn es gibt keine absolute Sicherheit dafür, daß alle Krebszellen restlos entfernt oder vernichtet worden sind. Zudem werden sowohl durch Medikamente, sogenannte Zytostatika, als auch durch Bestrahlung neben dem Tumor selbst noch wichtige

Körperorgane bzw. der Gesamtorganismus in Mitleidenschaft gezogen. Alle heute gegen den Krebs eingesetzten Medikamente sollen die Zellteilung verhindern, d. h. das Wachstum des Tumors zum Stillstand bringen. Aber leider sind die Medikamente nicht fähig zu differenzieren. Sie unterbinden *jede* Zellteilung, nicht nur das wilde Wachstum der Krebszellen, sondern auch das normale von gesunden Zellen.

Die Forschung ist mittlerweile auch dem Trick auf die Spur gekommen, mit dessen Hilfe ein Virus seine eigene Erbinformation in eine fremde Zelle einschmuggelt. Es bedient sich nämlich eines Enzyms (Reverse Transkriptase). Dieser für einen durch Viren erzeugten Krebs typische „Helferstoff" konnte bereits in menschlichen Tumorzellen nachgewiesen werden. Für die Krebsforschung ist es eines der größten Anliegen, nach einer Möglichkeit zu suchen, um den Organismus eines an Krebs Erkrankten von den vireneigenen Reverse-Transkriptase-Enzymen zu befreien.

Die erste Aktivität von Krebsviren in einer besetzten Zelle besteht darin, die Zellwand durch völlig neue Eiweiße zu verändern. Natürlich versucht der Organismus, diese Fremdstoffe abzustoßen – wie es z. B. mit einem fremden Organ nach der Transplantation geschieht – allerdings mit immer geringerem Erfolg. Warum? Weil sich die Krebszellen durch eine Substanz maskieren, mit der sie die Antikörper und Lymphozyten irreführen und sich so vor einem Angriff schützen.

Diese Erkenntnis führte zu einer Reihe von Versuchen, u. a. mit Hunden, die an Brustkrebs erkrankt waren und denen Professor H. G. Schwick von den Behring-Werken in Marburg Tumorgewebe entnahm. Er löste es in einzelne Zellen auf, unterzog diese einer „Neuraminidase-Wäsche" und injizierte es anschließend wieder den kranken Hunden. Durch die Behandlung mit der Substanz Neuraminidase wurden die

Krebszellen demaskiert und konnten nun durch die Antikörper im Organismus der Tiere vernichtet werden. Aber erstaunlicherweise wurden nicht nur die entlarvten Krebszellen abgetötet, sondern auch die nicht demaskierten. Die Krebsknoten in der Brust der Hunde lösten sich auf. Die Versuche waren zu 90 Prozent erfolgreich.

Inzwischen sind bereits Forschungslaboratorien damit beschäftigt, eine Schutzimpfung zu entwickeln, um den Krebsviren von vornherein gar nicht erst die Chance zu bieten, in den Körper einzudringen. Dr. Maurice Hillemann, Direktor der Virusforschung am Merck-Institut in West Point, USA, ist ebenfalls davon überzeugt, daß Krebs durch Viren verursacht wird und daher durch eine Virus-Schutzimpfung zu bekämpfen sein muß. Aus einer Reihe von Tierexperimenten geht hervor, daß mittlerweile Antikrebs-Impfstoffe mit Erfolg erprobt worden sind. So von den Göttinger Forschern Professor R. Laufs und Dr. H. Steinke, die dem Menschen verwandte Primaten – Perückenäffchen – bei ihren Versuchen benutzten, da sie auf eine Krebsvireninjektion sofort mit Lymphdrüsenkrebs antworten. Aus dem Virus Herpes saimiri, der beim Menschen nicht auftritt, stellten die beiden Forscher unter Abtötung des Krebserregers einen Impfstoff her, den sie den Perückenäffchen einspritzten. Danach infizierten sie die gleiche Anzahl geimpfter und nicht geimpfter Tiere mit einer bestimmten Menge von Krebsviren. Die nicht mit dem Impfstoff behandelten Tiere starben innerhalb von 30 bis 50 Tagen an bösartigen Lymphomen, während die geimpften Tiere allesamt ohne die geringsten Anzeichen von Erkrankungen auch nach zwei Jahren noch lebten.

Doch im Kampf gegen den Krebs sind das nicht die einzigen Waffen: So sollen mikroskopisch kleine Latexkügelchen, die mit geeichten Antikörpern beschichtet sind, bestimmte Krebszellen aufspüren und vernichten. Dr. Alan Rembaum vom California Institute of Technology hofft, daß diese „Kampfkügelchen“ im Verlauf weiterer Versuche in hochdifferenzierende Träger weiterentwickelt werden, die Medikamente oder radioaktive Elemente befördern können, um Krebs- und andere unerwünschte Zellen anzugreifen und zu eliminieren.

Zudem hat der schwedische Wissenschaftler Dr. Bertil Bjorklund einen einfachen Bluttest zur Krebserkennung entwickelt. Diese sogenannte TPA-Diagnose-Ausrüstung funktioniert nach dem gleichen Prinzip wie die bereits bekannten Tests für Masern, Ziegenpeter oder Pocken. Eine Blutprobe wird auf eine bestimmte Substanz hin untersucht, auf ein „Polypeptid Antigen“ (Stoffe, die nach Berührung mit dem Organismus in Mensch und Tier die Bildung von Antigen verursachen). Dr. Bjorklund, Direktor der Krebs-Immunologie-Sektion des Nationalen Bakteriologischen Laboratoriums in Schweden, isolierte dieses Antigen und entdeckte, daß es sehr oft in Verbindung mit bösartigen Tumoren anzutreffen ist.

Auch in anderen medizinischen Bereichen sind umwälzende Neuerungen in Vorbereitung: Versuchstieren wurden atomar angetriebene, künstliche Herzen eingesetzt. Damit ist es Wissenschaftlern zum erstenmal gelungen, *künstliche* Herzen herzustellen, die als integrierter Teil eines Organismus voll funktionsfähig sind. Experimente mit solchen Herzen werden im Auftrag des amerikanischen National Institute of Health, durch die Thermo Electron Corporation in Zusammenarbeit mit der Harvard Medical School durchgeführt.

In den meisten Industrieländern der Erde fordert der Herztod eine reiche Ernte. So werden z. B. in den USA jährlich 200 000 Menschen durch Herzversagen vorzeitig aus dem Berufsleben gerissen; und die zusätzliche Anzahl derjenigen, die durch Herzkrankheiten schwer behindert werden oder daran vor der Zeit sterben, ist nicht weniger besorgniserregend. Sicher ist, daß Millionen Menschen in aller Welt die Entwicklung eines gutfunktionierenden, künstlichen Herzens helfen würde.

Die Herzforschung ist zwar verhältnismäßig „jung", hat aber doch deutliche Erfolge erzielt. Der erste Meilenstein wurde 1967 mit der erfolgreichen Implantation einer Blutpumpe in ein Versuchstier gesetzt. – Seiner Funktion nach stellt das Herz grundsätzlich eine bzw. zwei Pumpen dar. Die rechte Herzkammer pumpt das Blut mit geringem Druck in die Lungen, wo Kohlendioxid freigesetzt und Sauerstoff aufgenommen wird. Dagegen pumpt die linke Herzkammer unter hohem Druck mit Sauerstoff angereichertes Blut in die Arterien.

Die meisten Herzanfälle betreffen die linke Herzkammer, da sie viermal so schwer arbeiten muß wie die rechte. Anfänglich konzentrierte sich die Forschung daher bei der Entwicklung des künstlichen Herzens auf die linke Herzseite; das führte zur Konstruktion einer Verstärkerpumpe zwischen der linken Herzseite und der Aorta. In der Weiterentwicklung wurden dann Verstärkerpumpen mit beiden Herzkammern verbunden.

In einem bereits in der Erprobung befindlichen System wird durch eine Plutonium-238-Kapsel ein künstliches Herz angetrieben. Der nächste Schritt wird ein total implantiertes Kunstherz sein, das schon in Tierversuchen getestet wird. Dieses Kunstherz wird durch einen Minicomputer gesteuert, der nicht größer ist als ein Groschen. Lowell T. Harmison vom amerikanischen National Heart and Lung Institute ist der Ansicht, daß die Entwicklung eines solchen Herzens keine geringere Herausforderung darstellt als das Apollo-Mond-Projekt. Da auch die technischen Voraussetzungen gegeben sind, könnte es vielleicht bereits in wenigen Jahren brauchbare

Kunstherzen geben. Bei der Entwicklung eines künstlichen Herzens spielt das Oberflächenmaterial eine große Rolle. Denn inzwischen hat sich die Vermutung bestätigt, daß bei der Benutzung künstlicher Organe kaum Immunreaktionen vorkommen.

Im allgemeinen setzt sich das Abwehrsystem des Körpers gegen fremde, in den Körper eingedrungene Organismen durch die Lymphozyten zur Wehr. Der Fremdkörper wird durch die Immunreaktion angegriffen und verkümmert, so beispielsweise bei der Transplantation eines lebenden Organs.

Wissenschaftler haben nun versucht, das Immunsystem des Körpers auf verschiedene Weise zu umgehen. Die bevorzugteste Methode besteht heute darin, das Abwehrsystem mit chemischen Präparaten zu schwächen. Zweifellos mit erschrekkendem Erfolg. Denn einige dieser Mittel legen das gesamte Immunsystem des Organismus gründlich lahm. Das bedeutet, daß der Patient zwar die Chance hat, sein transplantiertes lebendes Organ zu behalten. Aber durch den geschwächten Abwehrmechanismus und den folglich viel anfälligeren Organträger haben auch Viren, Bakterien und Pilze ein viel leichteres Spiel. Eine Vielfalt von Präparaten, von denen die meisten zellteilungshemmend wirken, soll nun die Anfälligkeit des Patienten positiv beeinflussen. Allerdings müßten dann erst einmal die gefährlichen Nebenwirkungen dieser Präparate eliminiert werden.

Zwar ruft das künstliche Herz keine Immunreaktion hervor, dennoch gibt es hier ein anderes, nicht viel geringeres Problem, nämlich die Tendenz des Blutes, bei Kontakt mit künstlichem Material zu gerinnen. Daher hat sich die Forschung biologischen Materialien zugewandt, die etwa gegerbtem Leder vergleichbar sind, um auf diese Weise den Gerinnungsfaktor auszuschließen.

Das Kunstherz ist allein darum so vielversprechend, weil das transplantierte Spenderherz wegen des Immunfaktors zur Zeit nur eine minimale Erfolgsquote aufweist. An der Entwicklung eines brauchbaren Kunstherzens wird daher von russischen, japanischen, amerikanischen und deutschen Spezialisten mit größtem Einsatz gearbeitet.

Viele Millionen Menschen in aller Welt leiden an Diabetes. In ständiger Abhängigkeit von ihrem Pankreas, ihrer Bauchspeicheldrüse, laufen sie Gefahr zu erblinden, unter Krämpfen und Zuckungen zu leiden oder infolge des zu hohen bzw. zu niederen Blutzuckerspiegels in tiefe Bewußtlosigkeit zu fallen. Nun verspricht ein künstliches Pankreas das Ende dieser Leiden.

Die neue Errungenschaft besteht aus zwei Teilen: Der eine kontrolliert unablässig den Blutzuckerspiegel des Organismus, während der andere mit einer Dosis Insulin eingreift, sobald der Blutzuckerspiegel steigt. Normalerweise werden diese Funktionen von der Bauchspeicheldrüse ausgeführt.

Die Zuckerüberwachungsvorrichtung – eine groschengroße Meßscheibe – wurde schon 1972 in gemeinsamer Arbeit zwischen der Joslin Diabetes Foundation in Boston, USA, und der Whittaker Corporation Space Sciences Division entwickelt. Die zweite Funktion sollen eine Mikropumpe und ein Insulinbehälter übernehmen, beide befinden sich aber noch im Entwicklungsstadium. Wissenschaftler sind der festen Überzeugung, daß die Zucker-Sensorscheibe für Diabetiker von direktem Wert ist, da es sich dabei im Prinzip um eine Energiezelle mit Schwachstromerzeugung handelt, deren Intensität mit der Menge des im Gewebewasser befindlichen Zuckers variiert. Dieser unter der Haut oder in der Bauchhöhle implantierte Sensor kann mit einem Digitalzähler verbunden werden, mit dem der Patient seinen Zuckerspiegel von Zeit zu

Zeit überprüfen kann. Ist der Blutzuckerspiegel zu niedrig, kann durch zuckerangereicherte Nahrung Abhilfe geschaffen werden. Wenn die Sensorscheibe zu hohen Blutzucker anzeigt, gibt die Pumpe automatisch Insulin frei. Da die Mikropumpe sehr klein ist, kann sie mühelos in den Körper implantiert werden. An Affen wurde der Sensor bereits erfolgreich erprobt, wenn auch der Test am Menschen noch aussteht. Die Indikationen sind durchaus positiv. Da die Sensorscheibe nicht von einer herkömmlichen Batterie betrieben wird, sondern durch ein winziges Kernaggregat, kann sie ohne zeitliche Begrenzung arbeiten.

Möglicherweise wird es schon in den nächsten Jahrzehnten brauchbare künstliche Organe geben, wie Herz, Nieren, eventuell sogar Bauchspeicheldrüse, Leber etc., die durch Mikrocomputer gesteuert werden. Der nächste Schritt aber wird das in Kulturen gewachsene, genau kopierte Organ sein.

Es gibt eine ganze Anzahl niederer Tierarten, die in der Lage sind, Gliedmaßen, die sie eingebüßt haben, zu regenerieren. Wenn ein Hummer ein Bein verliert, bildet sich schon bald der Ansatz zu einem neuen Glied, aus dem sich in kurzer Zeit ein einwandfrei funktionierendes neues Bein entwickelt.

Säugetiere sind gewöhnlich nur zu einer recht begrenzten Regeneration befähigt, z. B. wenn gebrochene Knochen wieder zusammenwachsen. Nun ist aber ein Orthopäde des Medical Center der Staatsuniversität New York, Dr. Robert O. Becker, darauf gestoßen, daß elektrischer Strom geringer Amplitude in höheren Tierarten eine *Teil*regeneration bewirkt.

Schon 1967 machte ein Forscherteam die Erfahrung, daß sich bei amputierten Fröschen, die durch elektrischen Strom stimuliert wurden, plötzlich neue Gliedmaßen entwickelten. Normalerweise regenieren sich Frösche aber nur im Kaulquappenstadium und verlieren diese Fähigkeit, sobald sie ausgewachsen sind. Dr. Becker modifizierte diese Technik und erprobte sie bei weißen Ratten, deren Vorderläufe amputiert waren. Bei den meisten Versuchstieren regenerierte sich das Gewebe. Das neue Bein hatte die gleiche Zellstruktur wie ein normales und auch die gleiche Komplexion. Knochen, Knorpel, Mark, Muskeln und Blutgefäße hatten sich allesamt erneuert, wenn auch nicht vollständig. Nach Ansicht von Dr. Becker sind die Resultate jedoch so überzeugend, daß ihre Bedeutung für den Menschen gar nicht hoch genug veranschlagt werden kann. Beispielsweise könnten durch diese Technik eines Tages Herzmuskeln regeneriert werden, die durch ein Versagen der Kranzgefäße ausgefallen sind.

In wenigen Jahren werden wahrscheinlich genetisch umprogrammierte Mikroorganismen oder Bakterien, die mit Genen von Pflanzen, Tieren oder auch Menschen ausgestattet sind, die Produktion biologischer Substanzen, von Arzneimitteln oder chemischen Stoffen in biologischen Fabrikationsanlagen übernehmen. Auf diese Weise könnten Bakterien dazu beitragen, Blut- und Erbkrankheiten zu heilen. Insulin – das Lebenselixier Zuckerkranker – könnte damit in Bakterienkulturen herangezüchtet und industriell ausgewertet werden. Damit hätten Kühe und Schweine als bisherige Insulinproduzenten ausgedient – zumal Coli-Bakterien auch noch viel billiger sind.

Der technische Ablauf ist denkbar einfach: In das sogenannte „E.-Coli“-Bakterium wird ein bestimmtes, in Ratten Insulin produzierendes Gen eingeführt. Dieses Gen wird von einzelnen Bakterien aufgenommen und mit jeder Zellteilung vervielfältigt. Innerhalb von wenigen Stunden entstehen so aus ein paar Coli-Bakterien mit fremder Erbmasse Milliarden von Kopien. Schon 1977 gelang es amerikanischen Wissenschaftlern, aus 100 Gramm genetisch veränderten Coli-Bakterien die winzige Spur von fünftausendstel Gramm Somatostatin zu isolieren, einem Hormon, das in der tierischen und menschlichen Hirnanhangdrüse erzeugt wird. Für die gleiche Menge dieses in manchen Fällen lebensrettenden Hormons benötigten Wissenschaftler noch vor sieben Jahren die Hirnsubstanz von 500 000 Schafen!

Unter der Schirmherrschaft des Brookhaven National Laboratory in Upton, New York, entwickelte ein internationales Forscherteam ein winziges Gerät, in dem menschliche Blutkörperchen nachgebildet und außerhalb des Körpers beobachtet werden können. Eine münzenförmige Diffusionskammer mit Filtern wird mit einer genau dosierten Menge menschlichen Knochenmarks und peripheren Blutes gefüllt. Dann wird diese Kammer in die Bauchhöhle einer lebenden Maus implantiert.

Die Diffusionskammer ergänzt rote und weiße Blutkörperchen auf die gleiche Art wie das Knochenmark im menschlichen Körper, indem sich ihr Knochenmark von den gefilterten Stoffen im Blut der Maus ernährt, die mit Grundstoffen im menschlichen Blut identisch sind. Menschliche Blutzellen wurden so auch schon von Kaninchen und Ziegen gewonnen.

Das Diffusionskammer-System erlaubt Einblicke in die komplexen Einzelheiten des Blutbildes sowohl bei Gesunden als auch bei Kranken. Auf diese Weise konnten bereits wichtige Erkenntnisse über eine bestimmte Art der Leukämie gewonnen werden, die auf Fehlfunktionen des Stoffwechsels zurückzuführen ist. Auch neuartige Drogen im Kampf gegen Blutkrankheiten konnten durch dieses System erprobt werden, ohne den Menschen selbst als Versuchskaninchen benützen zu müssen.

Für Jahrtausende war das Messer – das Skalpell – unentbehrliches Werkzeug für Bader, Ärzte und Chirurgen, um Geschwüre, Warzen, Brandwunden, harmlose und bösartige Geschwülste operativ zu entfernen. Inzwischen wurde ein neues Instrument entwickelt: das Messer aus den Strahlen gebündelten Lichts. Seit geraumer Zeit operieren in Tel Aviv Chirurgen unter der Leitung von Professor Isaak Kaplan am Beilimson-Hospital mit einem CO_2-Lasergerät – einem neuartigen „Lichtskalpell“. Vor allem wenn es darum geht, schwammiges oder infiltriertes Gewebe zu durchtrennen, ist es dem herkömmlichen Skalpell weit überlegen. Denn der gebündelte Lichtstrahl verschließt kleine Blutgefäße umgehend und verringert dadurch den Blutverlust des Patienten erheblich. Professor Kaplan hofft, daß sich die Heilungsaussichten, besonders auch bei Krebs, durch die Laseroperation verbessern lassen. Denn durch den Verschluß kleinerer Gefäße wird die Verschleppungsgefahr ausgeschwemmter Tumorzellen stark herabgesetzt. Bei Brustkrebs besteht damit immerhin die Hoffnung, die psychisch belastende Totalamputation in vielen Fällen vermeiden zu können.

Auch bei einigen schwer erreichbaren Krankheitsherden wird sich die Laseroperation als vorteilhaft erweisen, z. B. bei Stimmband- und Kehlkopfoperationen oder im Rachenraum, wo ein Tumor unter Zuhilfenahme von Spiegeln dann auch von rückwärts entfernt werden kann.

Um dem lebensgefährlichen Vergiftungsschock bei Brandverletzungen vorzubeugen, können in Mitleidenschaft gezogene Haut- und Körperpartien mit dem Laser unblutiger und schonender entfernt und durch Haut- und Gewebeübertragungen wieder ersetzt werden. Professor Kaplan meint, daß auf diese Weise vielen Menschen das Leben gerettet werden könnte.

Überall sind umwälzende Neuerungen in Sicht. So wird auch die altgewohnte Diagnose des Hausarztes in absehbarer Zeit wahrscheinlich ausgedient haben, um einer anderen Methode zu weichen. Denn der Tag ist nicht mehr fern, an dem wir unseren Arzt aufsuchen werden, ohne ihn überhaupt zu Gesicht zu bekommen – wenigstens solange nicht, bis wir seinen Computer über unsere Beschwerden aufgeklärt haben.

Mediziner der Universität Wisconsin mußten sich davon überzeugen lassen, daß ihr Computer ihnen in nichts nachsteht, soweit es um die Aufnahme der Krankengeschichte und die Vorbereitung von Diagnoseberichten geht. Im Gegensatz zu den Ärzten kann sich der Computer sogar einen umfassenderen Überblick über den Gesundheitszustand eines Patienten verschaffen, weil er sich dazu die notwendige Zeit nehmen kann. Und zugegebenermaßen sind Computerauszüge lesbarer als die sprichwörtlich unleserliche „Doktorhandschrift“.

Während des Interviews durch den Computer erscheinen die Fragen zum Gesundheitszustand des Patienten auf einem Bildschirm. Der Kranke beantwortet sie durch Tastendruck entweder mit „Ja“, „Nein“, „Nicht bekannt“ oder „Nicht verstanden“.

In Bereichen, in denen die Gesundheit des Patienten offensichtlich gefährdet ist, stellt der Computer zusätzliche Fragen. Nach Aussage der damit experimentierenden Wissenschaftler der Universität Wisconsin ist die Computerdiagnose zuverlässiger als die von praktischen Ärzten. Wenn auch der Computer die so notwendige Arzt-Patient-Beziehung nicht ersetzen kann, ist er wenigstens in der Lage, die zunehmend überforderten Ärzte zu entlasten. Vor allem, weil er durch eine wesentlich umfangreichere medizinische Datenspeicherung die Arbeit des Arztes erleichtern kann. Es muß nämlich davon ausgegangen werden, daß die Diagnosestellung zu einem hohen Prozentsatz fehlerhaft ist und gerade die Computerdiagnose und -analyse nachweislich zuverlässiger sind.

Alles in allem wird die Krankheitsbekämpfung in Zukunft über umwälzende Mittel verfügen. Dazu gehört auch eine Gruppe neuartiger synthetischer Prostaglandine-Hormone, die z. Zt. in England von der Upjohn Company erprobt werden. Natürliche Prostaglandine kommen im Gewebe von Mensch und Säugetieren vor und beeinflussen z. B. den Fettstoffwechsel, erweitern die Blutgefäße und regen die glatte Muskulatur an. Mit der Erprobung der synthetischen Prostaglandine besteht die begründete Hoffnung auf ein erfolgreiches Heilmittel zur Behandlung schwerwiegender Stoffwechselerkrankungen, darunter Arthritis, Herz- und Kreislaufleiden.

Die Geschichte der Medizin wurde nicht zuletzt von Männern und Frauen geprägt, die mit unendlicher Geduld oft jahrelang am Krankenbett und in ihren Laboratorien dem Geheimnis irgendeines Krankheitserregers auf die Spur zu kommen suchten. Und von Kranken, die unter solchen Erregern gelitten haben und leiden. Sie waren es, die den Anstoß gaben, sie sind die Herausforderung. Das Gehirn des Menschen hat sich dieser Herausforderung gestellt. Und nun will das Gehirn das Gehirn ergründen – und verbessern.

Transfer

IQ-Pille und Gedächtnispulver

Zur Zeit gibt es mehr als 3500 Millionen menschlicher Gehirne auf der Erde. Davon ist jedes einzelne nicht mehr als zwei Händevoll einer rosagrauen Masse mit dem Festigkeitsgrad eines Zitterpuddings und den Runzeln einer Walnuß. Dieser rosagrauen Masse ist es möglich, die eigene Existenz zu befragen, zu komponieren, dichten, musizieren, denken, politisieren, polemisieren, kriegerische Strategien zu ersinnen, zu verleumden, fluchen, beten oder witzeln. In ihr ist alles das gespeichert, was der Mensch im Guten oder Bösen ständig in die Tat umsetzt. In dieser Masse sind nicht nur wichtige Ereignisse unseres Lebens festgehalten, sondern hier werden unablässig neues Wissen und neue Erfahrungen gesammelt, die bis zu unserem letzten Atemzug abrufbereit sind.

Noch vor wenigen Jahren glaubten selbst Wissenschaftler, daß es niemals gelingen würde, die Frage zu beantworten, wie das Gehirn eine solche Mammutaufgabe löst. Inzwischen ist es Gehirnforschern jedoch geglückt, sogenannte Gedächtnismoleküle im Gehirn nachzuweisen. Und damit steht endgültig fest, daß das Gedächtnis nicht auf übernatürliche Einflüsse zurückzuführen ist, wie früher einmal angenommen wurde, sondern auf ein Häufchen weißlichen, biochemischen Pulvers.

Wie sich herausgestellt hat, tragen ganz bestimmte Substanzen im Gehirn dazu bei, Erinnerungen festzuhalten. Und wie so oft in der Wissenschaft, gehen die ersten, wegweisenden

Ergebnisse auf Tierversuche zurück. Genauer gesagt, auf Experimente an Plattwürmern (Planarien), die Professor James McConnell 1962 am Anfang seiner wissenschaftlichen Karriere aus einem Tümpel in der Nähe von Ann Arbor im US-Staat Michigan herausholte. McConnell war damals an Plattwürmern eigentlich in der Hauptsache wegen ihrer unglaublichen Zähigkeit interessiert. Denn sie regenieren sich aus jedem Stadium der Zerstückelung – halbiert, gevierteilt oder ohne Kopf- bzw. Rumpfende – immer wieder zu ganzen, lebensfähigen Exemplaren. Nun wollte McConnell wissen, wie es um die Lebenserfahrungen eines zerstückelten Plattwurms steht, bei dem Kopf- oder Rumpfende nachwachsen müssen. Er setzte darum einige dieser Tiere in ein Wasserbecken und leitete regelmäßig schwache Stromstöße hinein, gleichzeitig flammte ein grünes Licht auf. Die Plattwürmer ringelten sich bei jedem Stromstoß vor Schmerz zusammen. Nach einiger Zeit ließ McConnell nur noch das grüne Licht aufleuchten – ohne damit verbundene Stromstöße. Aber für die Plattwürmer gab es keinen Unterschied. Grünes Licht hieß für sie Schmerz = Zusammenrollen.

In der nächsten Versuchsphase schnitt der Forscher seinen dressierten Würmern den Kopf ab und wartete, bis ein neuer Rumpfteil nachgewachsen war. Dann testete er die regenerierten Tiere. Ergebnis: Die „alten“ Köpfe hatten nichts vergessen, beim ersten grünen Licht ringelten sich die Tiere schmerzerfüllt zusammen.

McConnell war nun davon überzeugt, daß ein Rumpf, dem ein neuer Kopf nachwächst, unmöglich mit einem Erinnerungsvermögen ausgestattet sein konnte. Aber weit gefehlt, genau das Gegenteil war der Fall. Der Wissenschaftler traute seinen Augen nicht, als auch der neue, „unwissende“ Kopf die Lichtsignale kannte, obwohl er sie nie gelernt hatte.

Wie war die Erfahrung in den unwissenden Kopf gelangt? War Wissen auf irgendeine Weise transportabel oder gar von einem auf den anderen Wurm übertragbar? Kurz entschlossen zerstampfte McConnell ein paar seiner „gescheiten" Würmer und verfütterte sie an „unwissende". Aber wie sich zeigte, verdauten diese nicht etwa nur den Körper ihrer Artgenossen, sondern auch die in ihnen gespeicherten Erfahrungen. Denn bei grünem Licht rollten sie sich zusammen wie die von ihnen verspeisten Artgenossen zu Lebzeiten.

Für McConnell war dies Anlaß genug, darüber nachzudenken, ob Wissen am Ende eßbar ist und ob dies nicht nur für Würmer, sondern auch für den Menschen gelten könnte. War es vielleicht sogar möglich, Wissen mit der Injektionsspritze zu übertragen? Als der Hirnforscher mit diesen Überlegungen an die Öffentlichkeit trat, handelte er sich lautes Gelächter der Fachkollegen ein.

Im US-Wissenschaftsmagazin *Science* wurde gelästert: „Man stelle sich nur die zukünftige Werbung des Restaurants vor mit ihren täglichen Angeboten im Fenster: Wir bieten Ihnen die besten Zukunftsaussichten, da wir nur die intelligentesten Köpfe verbraten..."

Dann sind die Spötter verstummt, und viele von denen, die sich vor 17 Jahren noch über die Experimente von Professor McConnell mokierten, verbeugten sich inzwischen vor seinen Verdiensten um die Hirnforschung. Doch wie so oft unter Fachkollegen hat sich nun das Blatt abermals gewendet.

Der Anfang war gemacht.

Der nächste „Akt in diesem Drama" gelang dann Professor Richard Gay von der Western-Michigan-Universität. In seinen Experimenten brachte er Ratten, die sich normalerweise in dunkle Schlupflöcher verkriechen, Angst vor dunklen Löchern bei. Gay setzte seine Versuchstiere in einen Laufgang, von dem sie sich wahlweise in einen hellen oder dunklen Kasten verkriechen konnten. Natürlich schossen die Tiere ohne zu zögern auf den dunklen Unterschlupf zu. Aber das war ihr Fehler. Denn sobald sie im dunklen Kasten waren, fiel eine Klappe herunter, und sekundenlang wurden die Tiere durch Schwachstromstöße gepeinigt. Es dauerte fünf Tage. Dann hatten sie ihre Lektion gelernt. Nichts konnte sie mehr dazu bewegen, in dunklen Löchern Unterschlupf zu suchen. Sie hatten von nun an Dunkelangst. Gay tötete die dressierten Tiere, zentrifugierte ihr Gehirn und injizierte die gewonnene Lösung in den Kreislauf undressierter Ratten. Das Ergebnis übertraf alle Erwartungen. Denn die Dunkelangst aus dem Gehirn der toten Tiere war mit der Injektion auf die undressierten übertragen worden.

Durch diese Resultate wurden andere Forschungsinstitute alarmiert. Versuche mit anderen Tierarten zeigten, daß Erfahrungen, Wissen, durch Spritzen übertragen werden können! So dressierte z. B. Allan Jacobsen, ein ehemaliger Kollege von McConnell, an der Universität von Kalifornien Hamster darauf, bei einem bestimmten Signal zu einem Futterkasten zu laufen. Nach Beendigung des Experiments tötete er seine Hamster, isolierte die Ribonukleinsäure aus ihrem Gehirn und injizierte sie in den Kreislauf normaler Ratten. Wenn nun das Signal gegeben wurde, rannten die Ratten so eilig zum Futterkasten wie vorher die Versuchshamster.

Die Göttinger Forscher Domagk und Zippel konnten Goldfische in einem Experiment darauf trainieren, beim Aufleuchten einer roten Signallampe ihr Wasserbecken zu verlassen und ein benachbartes aufzusuchen. Anderen Fischen wurde beigebracht, bei knapp werdendem Sauerstoff nicht an die Oberfläche des Schwimmbassins, sondern zum Boden zu schwimmen.

All diese komplizierten Erfahrungen konnten von Kopf zu Kopf übertragen werden – nicht, wie bei den Plattwürmern, über den Verdauungsapparat, sondern durch Injektionsspritzen.

Lange Zeit waren Gehirnforscher der Überzeugung, daß unsere Erfahrungen – also unser Gedächtnis – in den elektrischen Strömen des Hirns ihren Speicher haben. Doch die vielen Tierversuche machten deutlich, daß es sich bei dem Gedächtnisstoff um eine chemische Substanz handeln mußte. Schon 1970 gab es eine Reihe konkreter Hinweise darauf, daß erlernte Fähigkeiten – also Erfahrungen – durch chemische Substanzen übertragen werden können. Der absolute Durchbruch in der Hirnforschung blieb dann aber Professor Georges Ungar vom Baylor College of Medicine der Universität Texas in Houston vorbehalten. Ungar wurde 1906 in Frankreich geboren, studierte in Paris Neurochirurgie und Pharmakologie, promovierte dort 1934 zum Doktor der Naturwissenschaften und fünf Jahre später, 1939, noch zum Doktor der Medizin. In diesen fünf Jahren war er Assistent an der Sorbonne und von 1939 bis 1948 an der Oxford-Universität in England Professor für Physiologie. Dann wurde er nach Amerika an die Universität von Illinois berufen und lehrte dort Neurobiochemie und Pharmakologie bis 1962. Nach einjähriger Zwischenstation an der Universität von Kalifornien in San Diego wechselte Ungar 1963 nach Houston über.

Auf der Suche nach den Gedächtnisstoffen ging Ungar von der Voraussetzung aus, daß diese wahrscheinlich nur in winzigen Spuren vorhanden und höchstens unter dem Elektronenmikroskop sichtbar gemacht werden können. Der Wissenschaftler startete ein Mammutexperiment.

In der pharmakologischen Abteilung des Baylor College dressierte er Ratten auf Dunkelangst – wie schon Gay vorher –

und injizierte den aus den Hirnen der getöteten Ratten hergestellten Extrakt normalen Labormäusen. Und plötzlich – ganz gegen ihr gewohntes Verhalten – fürchteten sich die Mäuse vor der Dunkelheit. Aber damit gab sich Ungar nicht zufrieden. Er wollte *dem* Stoff, der dressierte Dunkelangst verursachte, auf die Spur kommen. Gemeinsam mit einem jüngeren Kollegen, E. Desiderio, von der biochemischen Abteilung des Baylor College machte er sich daran, ganze Rattenhorden das Fürchten zu lehren. Hatten die Tiere ihre Lektion gelernt, wurden sie getötet und zunächst einmal tiefgekühlt. Solange, bis sich eine genügende Anzahl trainierter Rattenhirne angesammelt hatte, um daraus vielleicht den Dunkelangststoff – die Erfahrungssubstanz – isolieren zu können. Nach mühsamer, langwieriger Arbeit war es dann endlich soweit. Aus über 4000 Rattenhirnen, zehn Pfund wurden jeweils zu einem Brei verarbeitet, suchte Ungar mit Hilfe der raffiniertesten technischen Geräte und Apparaturen den gesuchten Gedächtnisstoff immer enger einzukreisen. Nach endlosem Zentrifugieren, Sieben, Filtern und ständig neuen Versuchen mit Teilfiltraten konnten die Wissenschaftler dann schließlich die unvorstellbar geringe Menge von 1,5 Tausendstel Gramm einer Substanz aus zehn Pfund Rattenhirn isolieren und anschließend im Massenspektrometer analysieren. Es stellte sich heraus, daß die Dunkelangst durch ein Peptid – eine eiweißartige Substanz, deren einzelne Gedächtnismoleküle aus einer Kette von jeweils 15 Aminosäuren bestehen – ausgelöst wird. Damit war Ungar seines Gedächtnisstoffes habhaft geworden. Er taufte das weißliche Pulver Scotophobin (gr. Scotophobie = Dunkelangst).

In Fachkreisen löste die Entdeckung und Isolierung dieses ersten Gedächtnismoleküls eine Sensation aus. Ungar selbst meinte zu diesem Erfolg, daß Scotophobin wahrscheinlich als erstes Codewort in einer sehr langen Reihe zu betrachten sei. Denn seiner Ansicht nach müßten alle unsere Erfahrungen in derartigen Verschlüsselungen – in chemischen Substanzen – festgehalten und im Zentralnervensystem auf Abruf gespeichert sein.

Aus äußeren Eindrücken entsteht im Kern einer Nervenzelle eine Matrize, deren Abdrücke im Ribosom (ribonukleinsäurehaltiger Eiweißkörper) zu einem Proteinmolekül verkettet werden. In der Zelle sind sie dann als Gedächtnissubstanz gespeichert.

Scotophobin, der Dunkelangststoff, könnte daher nur als das erste entdeckte Fragment einer Erinnerungssprache betrachtet werden. Überraschenderweise sind die Bausteine dieser Sprache nicht Nukleinsäuren, sondern Eiweißverbindungen.

Ungars Erklärung dazu blieb nicht lange aus: Zunächst bildet sich beim Lernprozeß wohl Nukleinsäure, die Proteine oder Peptide produzieren muß – also die eigentlichen Gedächtnismoleküle. Das Langzeitgedächtnis speichert dann diese Eiweißverbindungen.

Ungar ging es vor allem darum, das Dunkelangst auslösende Gedächtnismolekül künstlich nachzubauen. In gemeinsamer Arbeit mit dem deutschen Chemiker Wolfgang Parr, der in Houston eine Gastprofessur innehatte, gelang es ihm sehr schnell, den Stoff, der in Versuchstieren die Angst vor der Dunkelheit ausgelöst hatte, künstlich herzustellen. Er injizierte seinen Laborratten diese synthetische Dunkelangst mit dem Erfolg, daß sie panische Angst vor dunklen Löchern hatten.

Es blieb natürlich nicht bei Scotophobin, Ungar kam später noch anderen Gedächtnisstoffen auf die Spur. Er isolierte z. B. aus der Hirnmasse von 6000 Ratten, die darauf trainiert waren, auf ein schrilles Klingelzeichen zu reagieren, ein weiteres Gedächtnismolekül mit Namen Amelin.

Der 1978 verstorbene Wissenschaftler war der Ansicht, daß dies nur der Anfang ist – daß all unsere Erfahrungen in chemischen Substanzen verschlüsselt, in unserem Gehirn gespeichert sind.

„Wir werden nach weiteren dieser Gedächtnisstoffe suchen", sagte Ungar einmal, „und irgendwann in der Zukunft werden wir die ganze Sprache beherrschen, von der wir bisher nur einige Wörter kennen. Die ungeheure Palette chemischer Substanzen im Gedächtnis umfaßt etwa zehn Millionen dieser Gedächtnisstoffe. Und in ihnen sind alle Informationen des Gehirns eines Erwachsenen enthalten. Wahrscheinlich können wir in einigen Jahrzehnten Gedächtnismoleküle mit allen nur denkbaren Informationen in Laboratorien herstellen, die dann im Gehirn ein entsprechendes Verhalten auslösen. Sicherlich wird man eines Tages neben der Injektion auch in der Fabrik produziertes Wissen in Tablettenform kaufen können."

Nach neuestem Stand sind die Resultate von McConnell und Ungar in Fachkreisen wieder einmal heftig umstritten. Und momentan ist es in diesem Forschungsbereich recht still geworden – wenn damit auch kaum das letzte Wort gesprochen sein dürfte.

Seit über zehn Jahren wird in Europa, hauptsächlich in Holland, an einem ganz bestimmten Medikament gearbeitet – an der „Lernpille". Es geht dabei um ein Präparat, mit dem das Gedächtnis, das Lernvermögen verbessert werden soll. Es ist nicht für geistig Behinderte oder Geisteskranke gedacht, sondern soll vor allem Kindern helfen, die unter Lernstörungen leiden und Studenten in schwierigen Studienphasen, nicht zuletzt soll es den geistigen Verfall im Alter verhindern.

In niederländischen Forschungszentren, z. B. im medizinisch-biologischen Laboratorium in Rijswijk bei Den Haag oder auch an der Universität Utrecht, wurden wieder einmal Versuchsratten einem „Gedächtnistraining“ unterworfen. Sie mußten die verschiedensten Aufgaben lösen. Zum Beispiel erhielten sie eine Schale Milch, sobald eine Klingel schrillte. In Reaktion auf dieses Zeichen stürzten sich die Tiere auf die Milch. Eine andere Gruppe erhielt eine „Lernpille“ für die gleiche Lektion. Der Lernprozeß vollzog sich damit anderthalb- bis zweimal so schnell.

Gerade in Holland beschäftigen sich mehrere Wissenschaftler mit der Verbesserung des Lernvermögens auf ganz unterschiedliche Weise. Sie experimentieren mit grundverschiedenen Ausgangsstoffen – mit organeigenen einerseits und synthetischen andererseits. Bei der körpereigenen Substanz handelt es sich um ein Spaltprodukt des Peptidhormons ACTH, ohne Auftreten seiner vielfältigen Stoffwechselwirkungen im Körper, da nur der auf das Lernvermögen einwirkende Teil des Hormonmoleküls verwendet wird. Der synthetische Stoff dagegen stammt von der belgischen Arzneimittelfabrik UBC in Brüssel.

Auch der holländische Pharmakologe David DeWied von der Universität Utrecht arbeitet an der „Lernpille“. Er konnte z. B. erhebliche Verbesserungen des Gedächtnisses von Ratten durch Injektion eines synthetischen Peptids erzielen. Da dieses Peptid (ACTH 4–10) in der menschlichen Hirnanhangdrüse in natürlicher Form auftritt, wird nun seine synthetische Ausführung am Menschen erprobt.

Zwei amerikanische Forscher, der Psychologe James McGaugh und sein Kollege Lewis Petrinovich, stießen darauf, daß ausgerechnet das Rattengift Strychnin zur Verbesserung der Lernfähigkeit beiträgt. Ein Mittel gegen Frühjahrsmüdigkeit, mit einem Strychninzusatz in abgemilderter Form, das vor Jahrzehnten Kinder erhielten, brachte sie auf die Idee.

Strychnin in dieser Form aktiviert offenbar das Nervensystem, und den beiden Wissenschaftlern gelang es, ihre Ratten dadurch zu recht gelehrigen Schülern zu machen. Das Mittel konnte vor einer Lektion gegeben werden, aber auch bis zu einer Stunde nachher. Seine Wirkung war allerdings um so stärker, je früher es nach der Lektion verabreicht wurde. Daraus konnte man entnehmen, daß es wenigstens ein teilweise besseres Gedächtnis bewirkt.

Im Verlauf seiner Forschungsarbeiten stieß McGaugh noch auf weitere Gehirnstimulanzien, wie z. B. das krampferzeugende Mittel Metrazol. Es findet hin und wieder in der Schocktherapie Anwendung. McGaugh und Petrinovich erprobten Metrazol nun an genetisch identischen Ratten. Eine mit Metrazol behandelte Versuchsgruppe wurde mit einer nicht behandelten verglichen. Die behandelten Ratten fanden sich durchschnittlich nach fünf Experimenten in einem Irrgarten zurecht. Die nicht mit Metrazol behandelten Ratten brauchten für den gleichen Test viermal soviel Zeit.

Inzwischen wurde Metrazol mit erstaunlich ähnlichen Ergebnissen an Rhesusäffchen des Primatenforschungszentrums in Wisconsin, USA, erprobt. Die mit diesem Mittel versorgten Äffchen lösten die ihnen gestellten Aufgaben viermal so schnell wie nicht mit Metrazol behandelte.

Aber nicht nur pharmazeutische Mittel sollen dazu beitragen, das Gedächtnis des Menschen zu verbessern, sondern auch rein technische. Ein junger Psychologe der Rockefeller-Universität hat sich da eine besondere Novität ausgedacht. Adam V. Reed brachte die Möglichkeit eines gedächtnisstärkenden Computers im Gehirn ins Gespräch: Ein Mini-Kompaktcomputer, der auf die elektrochemische Sprache des menschlichen Gehirns abgestimmt wird, soll diesem als Treibsatz dienen und gleichermaßen Informationen senden und empfangen. Die Gedankenabläufe des Gehirns könnten damit nach Reed schneller funktionieren, und seine Fähigkeit zur verläßlichen Gedächtnisspeicherung würde zweifellos wesentlich erhöht. Den ersten Schritt in diese Richtung hat Reed mit dem Versuch der Entzifferung der gehirnspezifischen Sprache bereits getan. Aus Experimenten mit Tieren läßt sich allem Anschein nach auf die Neuralkodierung und bestimmte Muster schließen, nach denen das Gehirn Informationen auswertet. Das vorgesteckte Ziel ist eine Verbindung von Denkapparat und Computer, wobei die gewünschte Information in dem Moment im Gehirn verfügbar ist, in dem der Gedanke an sie auftaucht. Der im Kopf implantierte Computer wäre so natürlicher Teil des menschlichen Gehirns. In physischer Hinsicht müßte allerdings für Ein- und Ausgänge der Kontakt mit den natürlichen Neuronen sichergestellt sein, ohne daß dadurch der normale Betriebsablauf gestört würde. Science-fiction? Vorläufig sicherlich nur ein Gedankenmodell.

Dazu meint McCarthy von der Stanford-Universität: Wenn dies ganz und gar gelingen sollte, wäre damit ein vollkommener Sprung in der Evolution unserer Art vollzogen. Grundsätzlich gehöre es jedenfalls zu den Dingen, die auf die Dauer nicht ausgeschlossen werden könnten.

Wenn sich der Vorschlag des Nobelpreisträgers Joshua Lederberg verwirklichen sollte, bedeutete das auf jeden Fall einen Eingriff in die Evolution.

Nach Ansicht des Genetikers Lederberg sind nämlich durch die Form des weiblichen Beckens der Größe des Säuglingsschädels von jeher Beschränkungen auferlegt und damit der Größe der Gehirnhöhle. Dem könne jedoch abgeholfen werden, meint Lederberg, wenn der Kaiserschnitt als normales Geburtsverfahren eingeführt würde. Das Hirn hätte dann Gelegenheit, sich im Lauf der Zeit zu vergrößern. Dieser

Prozeß könne außerdem noch durch die Verabreichung von Wachstumshormonen beschleunigt werden.

Lederberg ist auch nicht der einzige, der eine Vergrößerung des menschlichen Gehirns in Erwägung zieht. Der französische Nobelpreisträger Jean Rostand hat in seiner Eigenschaft als Biologe ebenfalls darauf hingewiesen, daß die Möglichkeit besteht, den Umfang des menschlichen Gehirns – oder wenigstens bestimmte Teile – in verhältnismäßig kurzer Zeit zu verdoppeln, wenn auch letztlich nicht die Gesamtgröße des Gehirns ausschlaggebend ist, sondern die Struktur, Qualität und Größe der Großhirnrinde. Rostand kam zu seiner Auffassung durch die Tatsache, daß sich das Hirn des Menschen vor der Geburt durch eine bestimmte Anzahl von Zellteilungen – nämlich durch Verdoppelung ihrer Zahl – vergrößert. Die Zellteilung könnte gebremst oder vorangetrieben werden. Genetisch wäre es ohne weiteres möglich, bestimmte Hirnzellen zu einer zusätzlichen Teilung anzuregen. Experimentell ist dies bei Ratten bereits gelungen. Stephen Zamenkoff von der Universität Kalifornien und seine Mitarbeiter injizierten trächtigen Ratten Wachstumshormone. Bei der Nachkommenschaft zeigte sich dann, daß das Gehirn um ein Drittel schwerer war als bei normalen, unbehandelten Ratten. Der „Denkteil" hatte dabei die größte Wachstumsrate zu verzeichnen, denn in der Großhirnrinde war die Zahl der Nervenzellen pro hundert Gliazellen (Glia = das nicht-reizleitende Zwischengewebe des Nervensystems) gewachsen. Es stellte sich bei Experimenten heraus, daß die großhirnigen Ratten bei den üblichen Irrgartentests weit intelligenter vorgingen.

Der kanadische Psychologe Dr. John Ertl versucht dagegen, die Intelligenz erst einmal mit einem von ihm entworfenen, neuartigen Gerät zu messen. In gemeinsamer Arbeit mit dem Elektro-Ingenieur Dr. Bernhard Elliot entwickelte er ein

Gehirnleistungsmeßgerät, das zu einer Art Intelligenztestgerät ausgebaut wurde. Die beiden Wissenschaftler wollten damit die physische Lernfähigkeit des Gehirns überprüfen, da die herkömmlichen IQ-Tests (IQ = Intelligenzquotient) nicht als unbedingt zuverlässig gelten. Intelligenz wird hier definiert als der Komplex von Fähigkeiten, der die Lösung konkreter oder abstrakter Probleme und damit die Bewältigung neuer Anforderungen und Situationen ermöglicht. – Besonders Kinder können bei herkömmlichen Intelligenztests – werden sie wiederholt – Schwankungen zwischen 20 bis 30 Punkten unterliegen. Außerdem gelten diese IQ-Tests als „befangen" und zwar zugunsten weißer Kinder des Englisch sprechenden Mittelstandes. Nach Aussagen von Dr. Ertl vermittelt sein neues Testgerät konsistente, unvoreingenommene Resultate.

Und so läuft dieser Test ab: Die Testpersonen sitzen in einem bequemen Sessel und tragen einen mit Elektroden versehenen Helm, durch den die Hirnwellen gemessen werden; verstärkt durch ein Oszilloskop, werden diese auf einen Bildschirm übertragen. Die Versuchsperson muß zwei Minuten lang ein Lichtsignal beobachten, das jede Sekunde einmal aufleuchtet. Gleichzeitig mißt ein angeschlossener Computer die Schnelligkeit der Gehirnreaktionen.

Dr. Ertl behauptet, daß die Reaktionen absolut unwillkürlich erfolgen und der Test der Lernfähigkeit daher völlig objektiv sei. In einer Versuchsreihe, an der 1000 Schulkinder teilnahmen, stellte sich durch diesen neuen Test heraus, daß eine erhebliche Anzahl von Kindern aufgrund falsch ausgelegter, niedriger IQ-Testresultate herkömmlicher Art irrtümlich rückgestuft worden waren.

Der kalifornische Gerontologe Bernard Strehler hat eine unglaublich komplexe Apparatur entworfen, die es ihm ermöglichen soll, die wesentlichen Grundzüge einer Person und ihre

Erfahrungen über das Gehirn aufzunehmen, zu speichern und auf ein anderes Gehirn zu übertragen. Diese Art Supercomputer ist bereits in der Entwicklung, und Strehler hat dafür auf die Neurobiologie zurückgegriffen, auf die Elektronik, Kybernetik, Molekulargenetik, Informationstheorie und die Festkörperphysik.

Wenn Strehlers „Superding“ so arbeitet, wie er sich das ausgerechnet hat, könnten die wesentlichen Erfahrungswerte eines alten Gehirns auf ein junges transferiert werden und damit auch die Fähigkeit der übertragenden Identität, d. h., sich im neuen, jungen Gehirn selbst identifizieren zu können!

Auf dem Gebiet der Gehirnstrommessung ist der Durchbruch vor allem einer Forschergruppe der Universität Kalifornien unter Leitung von W. R. Adey gelungen. Er entwickelte eine Methode, mit deren Hilfe detailliert aufgeschlüsselt werden kann, welchen Energieschwankungen das Gehirn im Wach- oder Schlafstadium ausgesetzt ist.

Adey führt seine Messungen mit hochentwickelten, komplexen Apparaturen durch, zu denen Computer, Spektralanalysegeräte und Enzephalographen gehören, mit denen auch die kleinsten, dem Auge nicht mehr sichtbaren Veränderungen aufgezeichnet werden. Das Gehirn reagiert auf alle Emotionen und Sinneseindrücke, wie z. B. Geräusche, Gerüche, Berührungen oder visuelle Wahrnehmungen, mit bestimmten Hirnstrommustern. Die Meßtechnik ist nun bereits so weit fortgeschritten, daß mit ihrer Hilfe Farben, die jemand gerade betrachtet, bis in die feinsten Schattierungen registriert werden können.

Diese Neuerung der Meß- und Aufzeichnungsmethoden ist u. a. für die Traumforschung von besonderer Bedeutung. Und es kann bereits damit gerechnet werden, daß die Wissenschaft über kurz oder lang Träume auf Videobänder aufzeichnen kann. Die daraus für die Psychotherapie erwachsenden Behandlungsmöglichkeiten sind geradezu phantastisch. Es würde bedeuten, daß wir vor dem Einschlafen einfach eine bequeme Elektroden-„Nachtmütze" über den Kopf stülpen, das Spezial-EEG-Videogerät einschalten, schlafen und träumen. Ob die Träume nun angenehm sind oder nicht, wir könnten sie jederzeit zur Unterhaltung – vielleicht auch zur Selbsterkenntnis – wieder abspielen. Denn Träume bedeuten eine besondere Art des Erlebens – ein Geschehen, in dem der Träumende gleichzeitig Regie führt, als Komödiant auftritt und die Rolle des Zuschauers spielt. Mit dem bewußten Erleben von Träumen durch Video-Wiedergabe wäre eine völlig neue Art der Bewußtseinserweiterung erreicht. Und nach einer Erweiterung seiner psychischen Existenz hat der Mensch im Lauf der Geschichte immer wieder gesucht.

Seit eh und je weiß er z. B., daß der Genuß bestimmter Pflanzen oder Pflanzenextrakte Bewußtseinsveränderungen auslöst. Die halluzinogene Wirkung bestimmter Pilze war wahrscheinlich schon in der Altsteinzeit bekannt. Pilze wurden fast überall mit dem Teufel, mit Wahnsinn sowie Blitz und Donner in Verbindung gebracht. So in den Riten des altindischen Rigveda, wo das berauschende Soma des „Sohnes des Donners und Blitzes" – vermutlich ein Fliegenpilzextrakt – eine bedeutende Rolle spielte. In Sibirien trat der Schamane seine Traumreise mit Hilfe des giftigen Fliegenpilzes an. Die Azteken und Maya erreichten ihren Rauschzustand dagegen mit Hilfe von Olochiuqui, einer Winde, und des Pilzes Teonanacatl – das sogenannte Fleisch der Götter.

Die Inder wußten bereits vor 3000 Jahren, daß der Genuß von Hanf zu Bewußtseinsveränderungen führt. Haschisch und auch Opium dienten schon im Altertum dazu, Rauschzustände bei magischen Bräuchen und Ritualen hervorzurufen.

So waren die nordmexikanischen Indianer schon sehr früh auf die berauschende Wirkung des Peyote-Kaktus gestoßen. Als dann im 18. und 19. Jahrhundert die nordamerikanischen Indianer durch die eingewanderten Weißen aus ihrer Heimat vertrieben wurden, bildete sich sogar ein spezieller Peyote-Kult. Denn in der Welt der Träume und Wahnvorstellungen versuchten die Indianer ihr Elend zu vergessen.

Im Verlauf der europäischen Geschichte kam opiumhaltigen Arzneimitteln immer größere Bedeutung zu. So wurde z. B. im England des 18. Jahrhunderts Opium in Alkohol aufgelöst und zur Schmerzlinderung verabreicht. Allerdings kannte damals noch niemand die suchterzeugende Wirkung dieses Betäubungsmittels. Erst Forschern des 19. Jahrhunderts gelang es, die psychischen Folgeerscheinungen bei der Anwendung von Rauschgiften zu entdecken.

Viele Dichter und Intellektuelle des 18. und 19. Jahrhunderts griffen auf Rauschmittel und Drogen zurück, um damit ihre Phantasie anzuregen und dem zunehmenden Weltschmerz und Lebensüberdruß zu begegnen. Im 20. Jahrhundert wuchs sich der Genuß von Rauschmitteln schließlich zur Massenerscheinung aus, wobei sich die Allgemeinheit der Nachteile, ungeheuren Probleme und Gefahren erst mit der Entdeckung synthetischer Rauschmittel voll bewußt wurde.

In der Medizin werden heute durch Psychopharmaka unter anderem Spannungszustände gelöst und Depressionen bekämpft. Allein die sogenannten „Tranquilizer“ stellen durch ihren ungeheuer großen Marktanteil unter Beweis, welchen Platz die Pharma-Industrie in der Regulierung psychischer Zustände einnimmt, die letztlich aus der Diskrepanz zwischen natürlich-biologischer Veranlagung des Menschen und gesellschaftlichen Verhaltenszwängen herrühren.

Trotz einer Fülle bereits vorhandener chemischer Präparate,

die auf die Psyche einwirken, bedeutet das nur den ersten Schritt in einer Entwicklung, die darauf abgestimmt ist, das menschliche Bewußtsein immer vollkommener und spezifischer zu kontrollieren. Laut Dr. Arnold Mandell, dem Leiter des psychiatrischen Instituts der Universität von Kalifornien in San Diego, beschäftigt sich die Zukunftsforschung bei psychotropen Drogen mit der Veränderung von Weltanschauungen.

Möglicherweise könnte die Entdeckung spezifischer Sensoren im Gehirn, an denen sich organeigene oder fremde Chemikalien verankern, hier einen Hinweis liefern, da sie eine Veränderung der „Gemütsverfassung" des Gehirns verursachen. Denn erwiesenermaßen sind Schmerz- und Lustgefühle, Kreativität und Erinnerungen mit solchen Rezeptoren gekoppelt.

1973 entdeckten die amerikanischen Hirnforscher Candace Pert und Solomon Singer, daß bestimmte Zellen im menschlichen Gehirn als Rezeptoren (Aufnahmeorgane für äußere Reize) für bewußtseinsverändernde Drogen, wie z. B. Morphin, dienen. Die Hirnpartien, in denen diese Rezeptoren plaziert sind, prägen den emotionellen Wahrnehmungsgehalt und die psychischen Zustände, die auf das Bewußtsein einwirken. In diesen Bereichen werden normalerweise Gefühle der Angst und Freude ausgelöst, aber hier können genauso Halluzinationen oder Wohlbefinden durch Drogen hervorgerufen werden. Dabei sind die Rezeptoren Teil eines körpereigenen Regulierungssystems, „Anlegeplatz" für die sogenannten Enkephaline, die das Schmerzempfinden im Körper ausschalten können. Sie setzen sich aus wenigen Aminosäuren zusammen, sind also einfache Eiweißmoleküle.

Viel älter als elektrische Reize und synthetische Drogen zur Bewußtseinsbeeinflussung ist Hypnose. Davon weiß seit ewigen Zeiten der Zauberdoktor – der Schamane –, der seine

Stammesbrüder mit monotonem Singsang in Trance versetzt. Auch in der Antike war die Macht der Suggestion nicht unbekannt, sie diente religiösen Ritualen und wurde außerdem zur Heilung angewandt.

Doch nach wie vor ist Hypnose vielen Menschen unheimlich, oder sie betrachten sie als Humbug bzw. Schwindel. Selbst wissenschaftlichen Kreisen war lange Zeit jedes Mittel recht, sie in Verruf zu bringen und zu unterdrücken. Auch heute noch sind die Vorstellungen über das Phänomen Hypnose oft recht verschwommen – obwohl sich mittlerweile herausgestellt hat, daß sie als therapeutisches Behandlungsmittel ernst genommen werden muß, da sie einen zuverlässigen Zugang zum Unterbewußtsein ermöglicht.

Hypnose ist ein schlafähnlicher Zustand, der sich allerdings in seinem Hirnstrombild – EEG – vom wirklichen Schlaf unterscheidet. Hypnose kann entweder durch elektrische, synthetische, akustische oder pharmazeutische Reize ausgelöst werden.

Grundsätzlich wird zwischen einem leichten und einem tiefen Hypnosestadium unterschieden, und beinahe jeder Mensch kann bei richtiger Technik hypnotisiert werden. In einer Tiefenhypnose werden praktisch alle Suggestionen des Hypnotiseurs ausgeführt – soweit sie sich mit dem Gewissen des Hypnotisierten vereinbaren lassen. Das bedeutet: Die Befehle müssen mit den Moralbegriffen der Versuchsperson übereinstimmen.

Was durch Hypnose möglich ist, zeigt ein Beispiel, von dem der Lausanner Arzt Dr. Bonjour vor dem III. Internationalen Kongreß für Psychologie und Psychiatrie in München berichtete:

Er war gezwungen, die Entbindung einer Patientin um Wochen vorzuverlegen, da diese unter gefährlichen Beschwerden litt. Bonjour suggerierte seiner Patientin daher in Hypnose: „Sie werden ihr Kind in drei Tagen gebären.“ Die Frau brachte ihr Kind tatsächlich drei Tage später zur Welt. Aber als sie aus der Hypnose erwachte, wußte sie nicht einmal, daß die Geburt bereits hinter ihr lag.

Wie reagieren wir nun, wenn uns durch hypnotischen Befehl suggeriert wird, es gäbe keine Zukunft mehr und wir könnten nur noch in der Vergangenheit und Gegenwart leben? Durch posthypnotischen Befehl gelang es Dr. B. Aaronson vom Forschungsinstitut für Neurologie und Psychiatrie in Princeton, New Jersey, diese und andere drastische Änderungen im menschlichen Wahrnehmungsvermögen von Raum und Zeit zu untersuchen. (Ein posthypnotischer Befehl ist eine Suggestion im Verlauf der Hypnose an das Unterbewußtsein, die nach dem Erwachen vom Hypnotisierten zu dem ihm suggerierten Zeitpunkt ausgeführt wird.) In den Experimenten von Dr. Aaronson erhielten sechs Freiwillige folgenden posthypnotischen Befehl: „Sie wissen, daß Zeit in die drei verschiedenen Abschnitte von Vergangenheit, Gegenwart und Zukunft aufgeteilt wird. Wenn Sie erwachen, ist die Zukunft vorbei. Es gibt keine Zukunft mehr.“

Aaronson und seine Mitarbeiter wußten nicht, was sie zu erwarten hatten, wenn ein Zeitabschnitt plötzlich ausgelöscht war. Die Resultate waren außergewöhnlich. In einigen Fällen erlebten die Versuchspersonen Persönlichkeitsveränderungen, die auf den Gebrauch starker Psycho-Drogen hätten schließen lassen. Eine Versuchsperson befand sich nach eigenen Worten „in einer grenzenlosen, permanenten Gegenwart“. Farben und Strukturen faszinierten sie, und sie beschrieb ihre Gefühle als „mystisch“.

Im allgemeinen liegen alle Ziele in der „psychologischen“ Zukunft, und diese Pläne sind mit Hoffnungen und Ängsten verbunden. Aber sobald den Versuchspersonen die Vorstellung des „Morgen“ fehlte, verloren sie im allgemeinen mit ihren Motivierungen auch die Ängste. Als sie dann später an einem Experiment mit einer expandierten Zukunft teilnahmen, waren die Auswirkungen nicht weniger erstaunlich. Die Beteiligten hatten das Gefühl, als hätten sie alle Zeit dieser Welt zu Verfügung, die sie brauchten, um all die Dinge zu tun, die sie sich für ein ganzes Leben vorgenommen hatten. Sie waren gelassen und vollkommen glücklich, und scheinbar verschwand jede Todesangst.

In weiteren Versuchen dehnte Dr. Aaronson die Vergangenheit oder Zukunft seiner Freiwilligen aus oder löschte sie ganz. Bei weitem am furchterregendsten war dabei der Verlust der Gegenwart. Die Versuchspersonen waren absolut depressiv und verhielten sich beinahe schizophren. Einer der Beteiligten beschrieb das Gefühl der „Nichtexistenz“ als einen einsamen, todesähnlichen Zustand. Auch eine ausgelöschte Vergangenheit wirkte sich negativ aus und machte sich durch Schwindelgefühl oder verminderte Funktionsfähigkeit bemerkbar. Verschiedene der Beteiligten litten unter Gedächtnisverlust und Sprachschwierigkeiten. Alles schien bedeutungslos zu sein.

Demgegenüber erwuchsen aus einer ausgedehnten Vergangenheit und Gegenwart angenehme Gefühle. Die Erweiterung der gegenwärtigen Welt führte zu Überschwenglichkeit und steigerte Sinneseindrücke, so z.B. Hören und Sehen. Mit derartigen Versuchen ergibt sich eine brandneue „Kurlaub“-Idee, nämlich hypnotisch induzierte Zeitreisen – vielleicht ein expandierter Zukunfts-„Zeiturlaub“ nach erschöpfender Arbeit; für Vergnügungssüchtige dagegen ein ausgedehnter Gegenwarts-„Zeiturlaub“. Aber diese Trips bleiben sicher nicht die einzige Form von Zeitreisen, die der Mensch erleben wird.

Ausblick

Homunculus und interessantes Gemüse

„Wie phantastisch die Aussicht auch sein mag, das Gehirn des Menschen durch alle möglichen Manipulationen zu verbessern – ihn intelligenter zu machen, ihm Wissen chemisch zu übertragen –, aus diesen Möglichkeiten erwachsen meiner Meinung nach doch ganz schwerwiegende Gefahren", sagte Frost. „Kriminelle, Geheimdienstler, Diktatoren oder Staatspolizei könnten derartige Möglichkeiten doch zur Gehirnwäsche benutzen – zur Manipulation und Indoktrination von Massen, ganz nach Belieben."

„Sie sehen das falsch", antwortete Lahn ungeduldig. „Jede Sache hat zwei Seiten. Alles kann zum Positiven oder Negativen dienen. Aber Sie scheinen sich vorzugsweise auf die negativen Aspekte zu konzentrieren. Wissen Sie, Frost, wenn Sie konsequent wären, müßten Sie aufhören zu atmen. Denn sogar der Sauerstoff, den Sie mit jedem lebensnotwendigen Atemzug aufnehmen, hat negative Auswirkungen. Er verursacht im Organismus Lipidperoxidation. Das heißt, die körpereigenen Fette – Lipoide – werden durch diesen Prozeß beschädigt. Sie oxidieren, mit anderen Worten, sie werden ranzig. Wie Butter, die der Luft ausgesetzt ist. Wie dem auch sei – ohne Sauerstoff können wir nun einmal, paradoxerweise, nicht leben. Natürlich läßt sich das Gehirn durch chemische oder elektrische Stimulation negativ beeinflussen. Das hat der amerikanische Gehirnspezialist José M. R. Delgado von der

Yale-Universität in New Haven bewiesen. Ich weiß nicht, ob Sie darüber informiert sind, daß er einen entscheidenden Schritt in der Gehirnmanipulation vollzog. Um es kurz zu machen, Delgado leitete eine neue Ära ein, über die man natürlich geteilter Meinung sein kann. Denn er benutzte drahtlose Übertragung elektronischer Befehle auf Elektroden, die in das Gehirn implantiert worden waren.

Seine sogenannten ‚Stierkämpfe eines Hirnforschers', mit denen der gebürtige Spanier noch zu Anfang der sechziger Jahre in aller Munde war, trugen vor allen Dingen dazu bei, den zweifelhaften Ruf dieses Hirnforschers zu festigen. So forderte er in der Arena der spanischen Stadt Córdoba einen Kampfstier heraus, mit nichts anderem als einem Transistorgerät ausgerüstet. Sie können sich wahrscheinlich vorstellen, Frost, wie die sensationslüsterne Menge darauf wartete, daß der Wissenschaftler von dem Stier auf die Hörner genommen wurde, als er ihn mit einem roten Tuch, wie ein Torero, reizte. Aber eine ganze Weile passierte überhaupt nichts. Bis der Stier plötzlich in Wut geriet und auf seinen Gegner losstürzte. Im nächsten Augenblick mußte der Mann aufgespießt sein! Aber weit gefehlt, mitten im stampfenden, wutschnaubenden Angriff blieb das kraftstrotzende Tier urplötzlich, wie vom Donner gerührt, stehen. – Rechtzeitig hatte Delgado eine Taste seines Transistorgerätes bedient und damit den rasenden Stier in ein gutmütiges Rindvieh verwandelt. Wie Sie sich denken können, hatte Delgado das Tier vorher durch einen Eingriff vorbereitet, indem er in seinen vorderen Thalamus (Gehirnregion) Elektroden implantierte, über die er die Reaktionen des Kampfstiers durch Knopfdruck fernsteuern konnte."

„Habe ich nicht gesagt, daß Hirnmanipulationen furchtbare Gefahren mit sich bringen", entgegnete Frost ironisch. „Der

Gedanke, daß auch das menschliche Verhalten durch Stromstöße gesteuert werden kann, ist doch geradezu alarmierend. Sind nicht alle Schattierungen tierischer und menschlicher Verhaltensweisen in der Palette künstlich zu erzeugender Gefühle enthalten: Angst, Aggression, Haß, Liebe, Gefügigkeit, Feigheit, Hinterhältigkeit, Wut, Ergebenheit, Lust oder auch extreme sexuelle Verhaltensweisen. Gibt es etwas, das nicht manipulierbar wäre?

Was Sie mir da gerade berichtet haben, Lahn, bestätigt doch nur meine Alptraumvisionen einer Welt voller manipulierbarer Marionetten, der Willkür fragwürdiger Politiker ausgesetzt. Aber noch größeren Schrecken jagen mir die möglichen genetischen Auswirkungen ein. Zum Beispiel die Produktion einer lebendigen Kriegsmaschinerie, Menschen, die genetisch zum Soldatentum bestimmt sind. Die Produktion der biologischen Kopie eines Individuums durch die sogenannte Cloning-Methode, also die Neuaufzucht aus einer einzigen Zelle. Wenn ich richtig verstanden habe, ist dazu nichts anderes zu tun, als den Zellkern einer Eizelle durch einen Zellkern desjenigen Individuums zu ersetzen, das kopiert werden soll. Der neue Zellkern bringt dann die Eizelle dazu, eine Kopie des Spenders zu produzieren. Eine solche Eizelle kann entweder in einer geeigneten Nährlösung in Glaskolben im Labor ‚gezüchtet' oder in die Gebärmutter einer Frau implantiert werden. Dort entwickelt sich dann die Babykopie des Spenders. Wie Sie wissen, kann auf diese Weise jede gewünschte Anzahl von Kopien geliefert werden. Und diese Aussichten, Professor, ängstigen mich. Sie brauchen sich nur irgendeinen verabscheuungswürdigen Diktator vorzustellen und daran zu denken, wie viele Kopien er von sich herstellen könnte! Auch das gehört doch zu dem so gepriesenen medizinischen Fortschritt. Da haben Sie ihn, Ihren Homunculus, Ihren Supermenschen!

Wenn man die zahllosen Probleme, die Schattenseiten einfach ignoriert, dann klingt alles ja wirklich recht positiv – Lebensverlängerung, Gesundheit, ein leistungsfähigeres, größeres Gehirn, und was sonst noch alles", schloß Frost aufgebracht.

„Die Gefahren ignoriere ich ganz und gar nicht", erwiderte Lahn. „Aber ich glaube, daß sie über alle Proportionen hinaus aufgebauscht worden sind. Mit genetischen Manipulationen sind nicht nur abschreckende Horrorgestalten verbunden und Heere von Untermenschen oder Arbeitssklaven, die genetisch nur auf bstimmte Fähigkeiten und Aufgaben programmiert sind. Natürlich wäre die Züchtung – das Cloning – eines Mensch-Tier-Wesens für einfache körperliche Arbeiten alles andere als ethisch. Aber genetisch verbesserte Getreide- und Gemüsesorten zum Beispiel, die sich ihrer Umgebung besser anpassen, größer und nahrhafter werden, das wäre doch bestimmt eine positive Sache. Auch die Kreuzung zwischen Wild- und Hausrind z. B. würde sicher interessante Möglichkeiten bieten, und die Hungerzonen der Erde könnten durch neue, ihrer Umgebung angepaßte Tier- und Pflanzengattungen beseitigt werden."

„Zugegeben, daß es bei all dem auch recht positive Aspekte gibt", räumte Frost ein. „Aber wie steht es mit all den anderen Problemen, zum Beispiel der Energie? Der Mensch hat seinen Planeten rücksichtslos ausgeplündert. Für den Erdöl-Vorrat gab es doch sozusagen nur noch eine Galgenfrist, und wann der gesamte fossile Brennstoff bei *dem* Verbrauch zu Ende gehen würde, war abzusehen. Und ohne Energie war der Zusammenbruch der irdischen Zivilisation des 20. Jahrhunderts besiegelt. Auch die Ihres Supermenschen!"

„Nichtsdestoweniger wurde sie durch Energie – Atomenergie – zugrunde gerichtet und nicht durch Mangel an Energie", sagte Lahn. „Nein, nein, von Energiemangel konnte ganz und gar nicht die Rede sein. Denn Energiequellen wären ja ausreichend verfügbar gewesen. Und es gab ja bereits eine Reihe der verschiedenartigsten Projekte zu ihrer Erschließung. Die sogenannten Energieprobleme wurden vielmehr durch finanzielle und machtpolitische Interessengruppen künstlich hochgespielt. Dabei war der Beginn der angeblichen Ölkrisen in den siebziger Jahren nur Mittel zum Zweck. Die konventionellen, sehr umstrittenen und unberechenbaren Kernkraftwerke konnten doch von vornherein nur als unbefriedigende Übergangslösung gelten. Benötigt wurden ertragreiche Langzeitenergiequellen, die keine Umweltbelastung bedeuteten. Und sie waren ja vorhanden, sind sogar immer noch da", mit einer Handbewegung beschrieb Lahn einen Kreis.

Zündstoff

Vom Äolsball zum kalten Feuer

Die ersten bedeutenden Energiespender des Menschen waren Feuer und Wasser. – 120 v. Chr. erheiterte der griechische Physiker Heron von Alexandria seine Zeitgenossen mit einer Kugel, die sich drehte. Heute wird dieser kleine Apparat Äolsball genannt. Heron von Alexandria hinterließ Schriften über Mechanik, Pneumatik, Geschützbau, Vermessungskunde und vieles andere mehr. Sein Äolsball gilt im allgemeinen als Vorläufer der Dampfmaschine. Wenn er auch lange Zeit Erwachsenen nur als Spielzeug diente, hatte er doch im 18. Jahrhundert einen Platz in den Laboratorien der größten Gelehrten.

Der Äolsball war nichts anderes als eine Hohlkugel, die sich um eine Achse drehte. Zwei gebogene Röhrchen kamen im rechten Winkel zur Achse aus der Kugel, die sich, mit Wasser gefüllt und erhitzt, durch den Rückstoß des Wasserdampfes, der durch die Röhrchen entwich, drehte.

Einem Engländer namens Robert Stuart zufolge soll diese Erfindung im 16. Jahrhundert auch einer praktischen Verwendung zugeführt worden sein. In einem 1597 in Leipzig erschienenen Buch wurde ein sogenannter „Äolusball" beschrieben, der einen Bratspieß in Bewegung gesetzt haben soll.

Im 17. Jahrhundert bezeichnete man eine ganze Reihe von Erfindern aus aller Herren Länder etwas übereilt als Erfinder

der Dampfmaschine. Aber sie stolperten alle über die alltägliche Erscheinung der Dampfbildung. Sie waren davon überzeugt, daß sich Wasser in Luft verwandele. Doch es dauerte nicht lange, bis es drei angesehenen Forschern gelang, die aufhorchende wissenschaftliche Welt mit einem bisher unbekannten Begriff vertraut zu machen. Sie konnten nämlich durch ihre Arbeiten beweisen, daß Luft ein Gewicht hat, und zwar ein so großes, daß sich mit seinem Druck Energie erzeugen läßt. Ein neuer Begriff entstand – Luftdruck. Jetzt war es möglich, die Dampfmaschine zu entwickeln.

Die drei großen Gelehrten, deren Arbeiten diesen umwälzenden Fortschritt begründeten, waren der italienische Mathematiker und Physiker Toricelli (1608–1647), Nachfolger von Galilei als Hofmathematiker des Großherzogs von Toskana; der französische Religionsphilosoph, Mathematiker und Physiker Pascal (1623-1662) und der deutsche Staatsmann und Physiker Otto von Guericke (1602–1686).

Um durch Luftdruck einen Kolben bewegen zu können, mußte erst einmal ein Vakuum erzeugt werden. Und das kostete oft mehr Energie, als auf der anderen Seite gewonnen wurde.

Wieder waren es drei Forscher, die bewiesen, daß Energie am besten dort zu finden war, wo man sie am allerwenigsten suchte: beim Gebrauch von Schießpulver und Feuer.

Schießpulver – seit Jahrhunderten waren damit Kriege geführt worden, aber über seine friedliche Nutzung hatte sich bisher niemand den Kopf zerbrochen. Als erster befaßte sich der niederländische Physiker und Mathematiker Christiaan Huygens (1629-1695) mit den Ideen des Abts de Hauteville, indem er eine Schießpulvermaschine baute, die schließlich zu einem anderen Energieerzeuger, dem Explosionsmotor, führte.

Der in Frankreich lebende Huygens wurde bei seinen Arbeiten von dem französischen Arzt und Naturforscher Denis Papin unterstützt, der 1647 geboren wurde und nach 1712 in England verschollen ist. Er verließ seine Heimat aus Glaubensgründen und wurde von dem englischen Physiker und Chemiker Robert Boyle (1627-1691), Mitbegründer der Royal Society in London, aufgenommen.

In den Jahren von 1676 bis 1679 arbeiteten Boyle und Papin gemeinsam an Studien über den Dampf des kochenden Wassers, und damit war Papins Laufbahn endgültig bestimmt. Als Fellow der Royal Society stellte er im Jahre 1682 mit seinem „Digester" den ersten Dampfdrucktopf der Welt mit Sicherheitsventil her. Danach machte er sich an die Verwirklichung einer Dampfmaschine. Inzwischen hatte jedoch der Engländer Savery nach Papins Ideen eine Maschine gebaut, die in kürzester Zeit zu besseren Resultaten führen sollte.

Thomas Savery, der es als ehemaliger Bergarbeiter zum Kapitän und Ingenieur gebracht hatte, ging es vor allem darum, die Arbeit der Bergleute zu erleichtern. Das geht allein schon aus dem Titel zur Beschreibung seiner Maschine hervor: „Der Freund des Bergmanns oder die Beschreibung einer Maschine zum Heben von Wasser mit Hilfe des Feuers ..." Nach einem ersten Versuch, der 1698 in Gegenwart des englischen Königs Wilhelm III. in Hampton Court stattfand, wurde die Maschine dann am 14. Juni 1699 der Royal Society vorgeführt. Verglichen mit der ersten Maschine von Papin, wies sie erhebliche Neuerungen auf. Dem Franzosen hatte der Dampf nur dazu gedient, ein Vakuum zu produzieren, um anschließend den Luftdruck auszunutzen. Savery dagegen nutzte das Vakuum zusammen mit der Dehnungsenergie des Dampfes. Und wie sich später zeigen sollte, war dieses Prinzip von ausschlaggebender Bedeutung.

Natürlich konnte diese Maschine nichts weiter als Wasser pumpen. Aber das war ja von vornherein Saverys Absicht gewesen: Er wollte den Bergleuten die schwere Arbeit erleichtern.

Die Pionierstellung Englands bei der Suche nach einer Energiequelle ist kein reiner Zufall. Da die Landwirtschaft nicht in der Lage war, den Bedarf des Landes zu decken, mußte der größte Teil der Nahrungsmittel importiert werden. Auf dem Kontinent herrschte dafür Brennstoffmangel; denn die größten Waldvorkommen waren bereits so gut wie abgeholzt. England sah also durchaus eine Chance für sich, die leicht zu fördernde Kohle des Landes bei den europäischen Nachbarn gegen Agrarprodukte einzutauschen. Aber leider stand die Kohle unter Wasser. Die Sohlen waren untereinander durch so viel Grundwasser getrennt, daß sich eine Erhöhung der Förderung nur durch Trockenlegung der Gruben erreichen ließ. Trotz dringenden Bedarfs konnte Savery jedoch nur wenige seiner Maschinen an die Bergwerke loswerden. Zum einen gab es Konkurrenz, die genau wie er das Problem des Grundwassers lösen wollte. Zum anderen riefen seine zwar funktionierenden, aber mit allen möglichen phantasievollen Einzelteilen versehenen Maschinen Mißtrauen hervor – das übrigens angebracht war. Denn Savery hatte das von Papin vorgesehene Sicherheitsventil bei seinen Maschinen übersehen, und so flogen ein paar in die Luft. In Bergwerken sind derartige Unfälle doppelt schwerwiegend. Trotzdem stellte ein Werkinhaber in Darthmouth eine der Saveryschen Maschinen auf. Sie wurde das Sonntagsnachmittagsausflugsziel der Neugierigen, jedermann bestaunte sie von allen Seiten. Besonders daran interessiert waren ein Schlosser mit Namen Thomas Newcomen und ein Glaser, John Cawley. Newcomen war ein gebildeter Mann und mit seinem berühmten Landsmann, dem

Physiker Robert Hooke, befreundet. Er berichtete diesem über die Maschine von Savery, und Hooke gab ihm daraufhin die Arbeiten von Papin zu lesen, weil dieser gerade eine Maschine fertiggestellt hatte, die der Pumpe von Savery sehr ähnlich war.

Newcomen und Cawley arbeiteten nun, gestützt auf dieses Material, einen Maschinenentwurf aus, den sie sich patentieren ließen. Aber es gab Schwierigkeiten mit Savery, der aufgrund von Einzelheiten dieses Entwurfs Plagiatsvorwürfe erhob. Schließlich einigten sich die drei gütlich, da sie aus religiösen Gründen einen Prozeß ablehnten. So kam es 1705 zu einer Zusammenarbeit der drei Erfinder, da sie ein gemeinsames königliches Patent für den Bau und die Ausbeutung einer Dampfmaschine erhalten hatten. Doch als es 1711 zum Verkauf der ersten Maschine kam, hatte sich Savery bereits wieder von seinen beiden Partnern getrennt.

Eines Tages lief diese Maschine im Beisein ihrer beiden Konstrukteure ganz plötzlich und ohne jedes Zutun schneller. Newcomen und Cawley löschten daraufhin sofort das Feuer und brachten die Maschine zum Stehen. Bei der Überprüfung entdeckten sie einen Riß, durch den kaltes Wasser direkt in den Dampf gespritzt worden war, der sich daraufhin sofort verdichtet hatte. Das war des Rätsels Lösung. Für die beiden Konstrukteure bedeutete das natürlich die reinste Offenbarung. Sie erweiterten den Riß zu einer Wasserzuleitung, und dadurch arbeitete die Maschine in der Minute mit zehn Kolbenschlägen. Newcomen und Cawley wurden nun mit Aufträgen überhäuft. Das Geschäft blühte.

Allerdings mußte die Maschine ständig durch einen Arbeiter überwacht werden, der bei jedem Kolbenstoß den Hahn für die Dampfzufuhr und den für das Verdichtungswasser zu öffnen und zu schließen hatte. Das waren in der damaligen Zeit Beschäftigungen, für die Kinder eingespannt wurden. Nun sind

Kinder sehr oft bessere Beobachter als Erwachsene. So auch in diesem Fall. Denn was allen entgangen war, nutzte der pfiffige kleine Humphrey Potter zu seinem Vorteil aus: Die Maschine konnte nämlich ihre Hähne selbst bedienen, sie mußten nur an bestimmten Stellen des Schwingrades mit Seilen befestigt werden. Genau das hatte der Junge getan und sich dann davongestohlen, um mit seinen Freunden zu spielen. Die Maschine konnte also selbständig, ohne Überwachung, arbeiten.

Zu dieser Zeit studierte ein junger Mann namens James Watt (1736–1819) an der Universität von Glasgow, dem alle notwendigen Reparaturen an den universitätseigenen Apparaten anvertraut waren. Schon während seiner Studienzeit war Watt dafür bekannt, daß er sämtliche physikalischen Apparate, deren er habhaft werden konnte, verbesserte und alle Fremdsprachen lernte, die ihm ermöglichten, ausländische wissenschaftliche Abhandlungen zu verstehen. Vielleicht veranlaßte das den Professor für Naturphilosophie, Anderson, ihm ein Modell der Maschine von Newcomen zur Reparatur zu geben, von der jedermann an der Universität wußte, daß sie noch niemals funktioniert hatte. Es ist müßig zu erwähnen, daß Watt die Reparatur zur Zufriedenheit erledigte; zudem stellte er noch eine Liste all ihrer Unzulänglichkeiten auf. Es war ihm u. a. aufgefallen, daß durch das in den Zylinder gespritzte Verdichtungswasser unverhältnismäßig viel Brennstoff verlorenging. 1765 fand er die jahrelang gesuchte Lösung: Die Abkühlung des Zylinders mußte verhindert werden, und darum war es notwendig, den Dampf außerhalb des Zylinders zu verdichten. Durch diese Erfindung – die erste direktwirkende Niederdruckdampfmaschine mit vom Zylinder getrenntem Kondensator und einem Dampfmantel um den Zylinder – gelang es Watt, den Brennstoffverbrauch auf ein Drittel zu reduzieren. Aber für ihn war damit noch nicht das Nonplusultra erreicht – er beschäftigte sich in Gedanken bereits mit einer Maschine, die ohne jeden Luftdruck arbeiten würde.

Bis zu diesem Zeitpunkt war das bewegungsauslösende Element aller Maschinen Luftdruck. Durch ihn wurden die Kolben heruntergedrückt und die Lasten angehoben. Dagegen preßte der Dampf nur die Kolben nach oben und sorgte für das notwendige Vakuum. Die Dehnungsenergie des Dampfes wurde aber kaum genutzt, wenn sie auch für Watt der wesentliche Bestandteil seiner Maschine war. Im Jahr 1776 verband sich Watt schließlich mit dem Industriellen Matthew Boulton, um die Firma Boulton & Watt zum Bau und Vertrieb der Wattschen Niederdruckdampfmaschine zu gründen.

Die industrielle Revolution war angebrochen. Und in ihrem Gefolge wurde die Energie zu einem immer größeren Machtfaktor. Bis dahin hatte sich die Wissenschaft vollkommen auf die Erforschung der Natur in ihrem gegebenen Zustand konzentriert. Doch jetzt wurde es für die Naturwissenschaft zum bestimmenden Faktor, die Natur zum Zwecke der Energiegewinnung und des Übergangs von einer Form der Energie in die andere umzugestalten. Die Energiefrage avancierte in der Naturwissenschaft zum zentralen Leitgedanken. Und die Einheit der Natur mit ihrem Kern – der Energie – war ein Thema, auf das sich die Wissenschaftler vorwiegend konzentrierten. Die arbeitenden Menschen wurden nun erstmals durch ein seelenloses Uhrwerk angetrieben – durch einen, dem Dampfkessel der Fabrik pausenlos entweichenden Energiestrom. Durch die Energie wurden Menschen im Arbeitsrhythmus der Maschinen versklavt.

Natürlich gab es eine ganze Reihe von Erfindern, die den von Watt vorgezeichneten Weg einschlugen. Einer der bedeutendsten war Marc Seguin, der 1827 den Röhrenkessel konstruierte, auf den später der Bau der ersten Schnellzuglokomotive zurückzuführen war. Seguin hatte sich für einen gefüllten Wasserkessel entschieden, in dessen Inneren Röhren für die Wärmezirkulation vorgesehen waren. 1850 reichte dann François Belleville ein Patent ein für einen Kessel, der auf einem anderen Prinzip beruhte. Während dieser Kessel in seiner ursprünglichen Konstruktion auch heute noch voll leistungsfähig ist, wurde die Kolbenmaschine längst duch die Turbine abgelöst.

Der nächste gigantische Schritt in der Energiegewinnung war die Elektrizität. Ohne auf die vielen Mosaiksteinchen, die schließlich zum Endergebnis führten, im einzelnen einzugehen, sollen doch die wichtigsten Namen, wie Franklin, Volta, Galvani und Ampère, nicht unerwähnt bleiben.

Benjamin Franklin (1706–1790), der ehemalige Buchdrukker, Staatsmann und Schriftsteller, trat nicht nur für die Unabhängigkeit der damaligen nordamerikanischen Kolonien ein und unterzeichnete 1776 die Unabhängigkeitserklärung, er machte sich auch durch seine physikalischen Beiträge, zu denen u. a. die Theorie der Elektrizität gehört, einen Namen. Seine Maxime war ein geordnetes, sparsames, zum Erfolg führendes Leben, und er vertrat mit Leidenschaft das von der Vernunft diktierte Wissen. Sein erfinderischer Geist gab ihm immer neue Ideen ein und zwang ihn zu einer Vielfalt von Leistungen.

Wenn Elektrizität in der damaligen Zeit auch zur „wissenschaftlichen“ Unterhaltung in den Salons gehörte, Franklin nahm sie trotzdem ernst; er sah darin eine Naturkraft. Er stellte die Theorie auf, daß Blitze elektrisch aufgeladen seien, und erbrachte dafür einen typisch Franklinschen Beweis. Er ließ nämlich ganz einfach einen der großen Hausschlüssel, wie sie der damaligen Zeit entsprachen, vom Dach herunterhängen... Er kam mit dem Leben davon, vielleicht weil er Franklin war und die Geschichte ihm noch beträchtliche Aufgaben zugedacht hatte. Einige seiner Nachahmer hatten allerdings weniger Glück, sie wurden vom Blitz erschlagen. Praktisch wie er war, wertete Franklin diese Erfahrung zu einer Erfindung aus, der wir den Blitzableiter verdanken. Einige Wissenschaftler argumentierten selbstverständlich gegen die Behauptung von Franklin, ein spitzes Ende des Blitzableiters sei am besten. Sie bestanden auf einem abgerundeten Oberteil. Ob rund oder spitz, mußte dann tatsächlich die Akademie der Wissenschaften entscheiden. Aber der Schiedsspruch war am Ende nicht wissenschaftlicher, sondern politischer Natur. Daran wiederum war König Georg III. von England schuld: Verdrossen wegen der amerikanischen Revolution, ordnete er für alle königlichen Gebäude abgerundete Blitzableiter an, in Opposition zu Franklin.

Natürlich ging vielen Wissenschaftlern durch Franklins Experiment ein Licht auf über die Theorie der Elektrizität. Er hatte argumentiert, daß alle Elektrizität gleich sei und nicht – wie damals allgemein angenommen wurde – aus zwei verschiedenen Flüssigkeiten bestehe.

Im Jahr 1820 wurden dann durch Ampère und Arago die Grundlagen für eine praktische Anwendung der Elektrizität geschaffen. Ein besonderes Verdienst hat sich dabei Arago mit der Erfindung des Elektromagneten erworben. Damit wurde der Grundstein zum Telegrafen gelegt, zum Telefon und allen Auswertungen der elektromagnetischen Schalt- und Verstärkungseinrichtungen heutiger Motoren.

1830 entdeckte der englische Physiker und Chemiker Michael Faraday (1791–1867), der Sohn eines Grobschmieds, die elektrische Induktion. Da diese für die Stromerzeugung von umwälzender Bedeutung war, wurden umgehend zahlreiche Stromerzeuger produziert, sogenannte Allianzmaschinen, denen die ersten elektrischen Beleuchtungsanlagen zu verdanken sind. Sie erzeugten genügend Elektrizität für Lichtbogen und wurden z. B. in Leuchttürmen aufgestellt.

Heute, 150 Jahre später, wäre die Welt ohne elektrischen Strom undenkbar. Das Leben fast der gesamten Menschheit – einige wenige übriggebliebene Steinzeitkulturen ausgeschlossen – ist in fatale Abhängigkeit zur Energie, zum elektrischen Strom geraten. Vom einfachen Haushalt bis zur Großindustrie geht heute nichts mehr ohne Elektrizität. Selbst die Kerze für den Stromausfall wird durch strombetriebene Maschinen produziert.

1860, im gleichen Jahr, in dem der Italiener Pacinotti eine umwälzende Idee für die Elektrotechnik hatte – nämlich anstelle eines geradlinigen Elektromagneten einen ringförmigen zu benutzen –, stieß der Amerikaner Drake in Titusville in 30 Meter Tiefe auf eine neue Energiequelle – er fand Petroleum.

Fast gleichzeitig, und zwar 1862 und 1876, erfanden unabhängig voneinander der Franzose Alphonse Beau de Rochas und der Deutsche Nikolaus Otto den Viertaktmotor, den eigentlichen Stammvater des derzeitigen Vergasermotors für leicht siedende, flüssige Brennstoffe. Im Gegensatz zu de Rochas, der vor allem theoretisch arbeitete, ging Otto, der als Ingenieur in der Motorenfabrik Deutz arbeitete, zur Praxis über und baute den nach ihm benannten Ottomotor.

1878 stellte dann der deutsche Ingenieur Karl Friedrich Benz einen Zweitakter vor, baute aber 1883 einen Benzinmotor mit drei Zylindern – die als Arbeitszylinder, Gas- und Luftpumpe funktionierten. 1885 folgte die Konstruktion eines Viertakt-Benzinmotors mit einem Zylinder und elektrischer Zündung, womit er 1886 seinen ersten Wagen ausstattete. Zur gleichen Zeit arbeitete ein in der Fachwelt nicht weniger bekannter deutscher Ingenieur, Gottlieb Daimler, an einem Verbrennungsmotor mit Glührohrzündung, der 1883 patentiert und bald darauf im Ausland unter Lizenz gebaut wurde.

Während seiner hundertjährigen Herrschaft hat der Explosionsmotor unzählige Dienste geleistet, die nicht nur der Beförderung des Menschen galten. Dieser meist zuverlässige Verbrennungsmotor, der so gut wie keine Verbrennungsrückstände hinterläßt, wurde überall geschätzt. Zwar griff hin und wieder einmal jemand auf die ausrangierte Dampfmaschine zurück, aber dieser Rückfall hielt nicht lange an. Als schließlich der elektrische Generator mit dem Verbrennungsmotor gekoppelt wurde, hatte Watts Maschine endgültig ausgedient.

Die Menschheit lebte im Energierausch und glaubte, als ihr hintereinander Dampf, Elektrizität und Verbrennungsmotor beschert wurden, von nun an über unerschöpfliche Energiequellen zu verfügen. Aber waren die Energiereserven wirklich so unerschöpflich? Im Laufe der Zeit hatte die Wissenschaft Methoden entwickelt, alle verfügbaren Vorräte zu berechnen und auf Verbrauch und Betriebszeiten umzulegen.

Es dauerte auch gar nicht lange, bis die ersten Hiobsbotschaften laut wurden, die vorhandenen Energiequellen könnten nur noch für eine Anzahl von Dekaden die Nachfrage decken. Den jeweiligen Schreckensnachrichten folgten dann auch die temporären Energiekrisen auf dem Fuße.

Aber was tun, wenn die Energiequellen versiegten, wenn es keine Kohle, kein Öl, keine Elektrizität, kein Benzin ... mehr gab? Hieß es dann zurück ins Mittelalter? – Für die meisten wäre das wohl kaum ein erstrebenswertes Ziel. Daher galt es, wieder einmal nach neuen Energiequellen Ausschau zu halten. Und sie wurden gefunden – im Laboratorium.

Die geheiligte wissenschaftliche Welt war gerade erst durch die Entdeckung der Röntgenstrahlen in Aufruhr versetzt worden. Und schon stieß der französische Physiker Henry Becquerel (1852–1908) auf der Suche nach Substanzen, die von den Röntgenstrahlen ausgesandt wurden, auf die Tatsache, daß von Uran und seinen Verbindungen eine Strahlung ausgeht, die fotografisch nachgewiesen werden kann. Die Radioaktivität war entdeckt.

Sobald der Anfang einmal gemacht war, ließen weitere Erkenntnisse und Entdeckungen auf diesem Gebiet nicht lange auf sich warten. 1898 fand das damals noch am Beginn seiner Karriere stehende Ehepaar Pierre und Marie Curie weitere radioaktive Elemente – Polonium und Radium. Eine ganze Reihe von Wissenschaftlern suchte nun, das Geheimnis dieser Strahlung zu lüften, bis der Engländer Ernest Rutherford 1919 die erste Kernreaktion entdeckte. 1938 versuchte dann ein junger italienischer Wissenschaftler erfolglos, Transuran künstlich herzustellen. Einige Wissenschaftler, vor allem der deutsche Chemiker und spätere Nobelpreisträger Otto Hahn (1878–1968) sowie sein Landsmann F. Straßmann, untersuchten die Arbeiten des Italieners auf Fehlerquellen. 1939 gelang es Hahn dann, die Theorie über die Uranspaltung aufzustellen, die der Franzose Frédéric Joliot-Curie weiterentwickelte, bis Hahn in Zusammenarbeit mit Straßmann auf das Prinzip der Kernspaltung stieß. Die Auslösung der ersten Kettenreaktion gelang dann dem italienischen Physiker Enrico Fermi am 2. Dezember 1942 in einem Kernreaktor, der im Stadion der Universität von Chicago aufgebaut worden war.

Nachdem das Ende des Zweiten Weltkriegs – die Hölle von Hiroshima – die negativste Seite der Atomenergie demonstriert hatte, sollte diese nun endlich friedlichen Zwecken zugeführt werden. Als erste menschliche Ansiedlung wurde Ende 1951 die amerikanische Kleinstadt Arco durch die Energie eines Atomkraftwerks mit Strom versorgt.

Damit war zwar ein Anfang zur friedlichen Nutzung dieser genialen Erfindung gemacht, aber das Resultat stand in keinem Verhältnis zum erforderlichen Aufwand. Denn es lassen sich nur sehr zögernde Fortschritte verzeichnen. Und obwohl die Kernkraftwerke teilweise schon fast dreißig Jahre arbeiten, sind die erzeugten Kilowattstunden im Verhältnis verschwindend gering. Dagegen ist der Kostenaufwand, verglichen mit der aus fossilen Brennstoffen, Wind oder Wasser gewonnenen Energie, fast unerschwinglich hoch. Noch schwerwiegender ist die Tatsache, daß Kernenergie durch ihre radioaktiven Abfallstoffe obendrein eine direkte Bedrohung darstellt. Bis heute sind auch nur verhältnismäßig wenig Staaten in der Lage, derartig hohe Unkosten für eine Energie zu tragen, die in der Hauptsache ohnehin nur der Kriegsmaschinerie zugute kommt – damit der Frieden erhalten bleibt!

Der heutige Gesamtenergieverbrauch der Welt liegt bereits bei 7,5 TW (1 Terawatt = 1 Milliarde Kilowatt, etwa gleich 1 Milliarde Tonnen Steinkohleeinheiten pro Jahr). Schätzungen zufolge wird der Energieverbrauch im Jahr 2030 auf mindestens 35 TW gestiegen sein.

Irgendwann gehen die fossilen Brennstoffe zur Neige. Das Erdölvorkommen soll z. B. nur noch knapp hundert Jahre reichen, die Kohlevorräte etwa doppelt so lange – vorausgesetzt, diese Expertenschätzungen sind zuverlässig. So wie sich die Kernenergie mit ihren Unzulänglichkeiten auf der ganzen Linie präsentiert, kann sie nicht mehr als eine unzuverlässige Zwischenlösung sein.

Aber es sind schon Alternativen in Sicht.

Energie

Quarks und Antiquarks

Die NASA (National Aeronautics and Space Administration) beabsichtigt, gewaltige Satelliten in die Erdumlaufbahn zu bringen, um damit Sonnenenergie zu speichern und diese dann über Mikrowellenstrahlen auf die Erde zu befördern. Diese Sonnenempfangsstationen sollen in einer Entfernung von etwa 35 000 Kilometern die Erde umkreisen. Jeder der Satelliten erhält zwei riesige „Flügelflächen“, die 20 Quadratkilometer groß und mit Sonnenenergiezellen ausgestattet sind. Durch diese Energiezellen wird die Strahlung der Sonne in Elektrizität umgewandelt, in einen Mikrowellengenerator gefüttert und auf eine irdische Empfangsstation abgestrahlt. Dort werden die Mikrowellen dann in Gleichstrom verwandelt.

Ein Satellit dieser Art kann 10 000 Megawatt Strom – das entspricht dem geschätzten Strombedarf der Stadt New York im Jahre 2000 – erzeugen, ohne die Umwelt auch nur im geringsten zu belasten. Die Kapazität eines modernen Kernkraftwerks ist dagegen nicht größer als 1000 Megawatt.

Natürlich können diese Satelliten nur stückweise durch Raumpendler – Spaceshuttle – in den Erdorbit befördert werden. Es ist vorgesehen, die ersten Sonnenenergiestationen dieser Art in etwa neun Jahren in Betrieb zu nehmen. An einem 1,20 m großen, elektrisch betriebenen Hubschrauber-Modell wurde bereits demonstriert, wie die Üertragung einer erheblichen Energiemenge über einen Mikrowellenstrahl funktioniert. Ein Mikrowellenstrahl, der zur Spezialantenne des Hubschraubers gelenkt wurde, lieferte die gesamte für den Flug des Minihubschraubers benötigte Energie.

An den Raumpendlern, die für den wiederholten Transport von schweren Ladungen in den Weltraum Voraussetzung sind, wird bereits gearbeitet. Ebenso an leicht manövrierbaren Raumschleppern, die zur Montage der Sonnenenergiestationen im Erdorbit benötigt werden.

Eine Reihe amerikanischer Firmen, die von der NASA einen Forschungszuschuß erhalten haben, arbeiten bereits an der Entwicklung der technischen Voraussetzungen für ein System von Energie-Satelliten. Laut Gruman Aerospace – eine der beteiligten Firmen – bestehen die Vorteile einer im Erdumlauf befindlichen Energiestation darin, daß zum einen keine wertvollen irdischen Energiequellen vollständig ausgebeutet werden und damit auch die chemische Verschmutzung der Erde verhindert wird und zum anderen nur ein Bruchteil der Thermalverunreinigung auftritt, die mit konventionellen Energieproduktionsstätten verbunden ist. Außerdem wird betont, daß sie nicht nur sicher, sondern auch ökonomisch seien. Durch diese Energiesatelliten wird die Entwicklung fortschrittlicher Technologien angeregt, mit denen der weltweite Energiebedarf und Umwelterfordernisse erfüllt werden können. Die Sonne würde als Energiequelle der Erde für die nächsten fünfeinhalb Milliarden Jahre nicht versiegen und könnte so den Energiebedarf der Erde theoretisch auf unabsehbar lange Zeit decken.

Amerikanische Wissenschaftler haben ein Programm, das zu den von der NASA vorgesehenen Projekten – der Auswertung der Sonnenenergie – gehört. Sie wollen das Sonnenlicht nicht nur am Tage, sondern auch in der Nacht nützen, indem sie es durch immense Spiegelreflektoren auffangen und auf die jeweilige Nachtseite der Erde lenken.

Mit „Projekt Prometheus“, wie das Unternehmen getauft wurde, soll die Erde ein gigantisches Beleuchtungssystem erhalten, dessen erste Phase man schon in etwa sieben Jahren in Angriff nehmen will. Der Initiator, Dr. Krafft A. Ehricke, erstellte im Auftrag der NASA ein Gutachten, in Zusammenarbeit mit einem Team der Rockwell International, über die technische Durchführbarkeit der himmlischen 24-Stunden-Beleuchtung. Die Expertise ging dem amerikanischen Kongreß in Washington mit dem ausdrücklichen Hinweis zu, daß ein solches Projekt nicht nur technisch durchführbar, sondern zudem noch wirtschaftlich attraktiv sei.

Es sollen, wie gesagt, riesige Metallspiegel, oder genauer, reflektierende Metallfolien in die Erdumlaufbahn gebracht werden, um das aufgefangene Sonnenlicht gezielt auf die Nachtseite der Erde zu reflektieren. Die Montage der Gesamtanlage soll innerhalb von 40 Jahren vonstatten gehen.

Dieses uns heute noch utopisch anmutende Mammutunternehmen wird es ermöglichen, den finstersten Winkel der irdischen Nacht zu erhellen. Dabei liegen alle Schattierungen der Lichtpalette im Bereich des Möglichen – vom gleißenden Tageslicht bis zur fahlsten Dämmerbeleuchtung. Das Forscherteam der Rockwell International hat den Beginn des ersten Bauabschnittes – der Spiegelkonstruktion „Lunetta“ bzw. kleiner Mond – für spätestens 1987 geplant. Denn zu diesem Zeitpunkt steht der Weltraumpendler – Spaceshuttle – bereits zur Verfügung, der zum Transport von Lasten zwischen der Erde und dem Weltraum eingesetzt werden soll. Diese Weltraumfähre wird erst einmal das technische Zubehör für zwei Spiegelreflektoren in wiederholten Flügen in eine Erdumlaufbahn von 20 000 Kilometern schaffen. Jeder der zwei Spiegel wird mit seiner vorgesehenen Fläche von 30 Quadratkilometern etwa halb so groß wie der Starnberger See in

Bayern. Obwohl das benötigte Material wegen der Schwerelosigkeit im Raum leicht sein darf und wegen des Transports durch Spaceshuttle ein bestimmtes Gewicht nicht überschreiten kann, müssen doch, alles in allem, 1800 Tonnen befördert werden. Dafür hat der Raumpendler über siebzigmal die Reise von der Erde in den Weltraum zurückzulegen.

An „Ort und Stelle“ werden Astronauten die in der Erdumlaufbahn abgeladenen Leichtmetallholme zu einem spinnennetzartigen Gebilde verbinden und mit aluminiumüberzogener Kunststoffolie bespannen. Bevor „Lunetta“ vollendet sein wird, um zum ersten Mal die irdische Nacht zu erhellen, gehen dann noch zwei Jahre ins Land. Von einer auf der Erde stationierten Überwachungsstelle können die mit Steuerdüsen versehenen Spiegelfacetten bewegt und ihr Licht so dirigiert werden, daß es in einem mehr oder weniger gebündelten Strahl sein vorbestimmtes Ziel trifft. Nach Berechnungen des Rockwell-Teams soll allein ein Spiegelreflektor von 30 Quadratkilometern im Jahr die Lichtmenge erbringen, die einer aus 57 Millionen Tonnen Öl erzeugten Strommenge entspricht. Dr. Ehricke ist fest davon überzeugt, daß noch vor der Jahrhundertwende Dutzende kleiner Lichtreflektoren in der Erdumlaufbahn die mannigfaltigsten Aufgaben erfüllen, wie z. B. Licht in die sechs Monate der Dunkelheit in den Polarregionen zu bringen, so daß dort die Rohstofflager erschlossen werden können; oder Beleuchtung von Großbaustellen, Industrieanlagen, Großstädten und zukünftigen Meeresfarmen u. a. zu gewährleisten. Mehr Licht würde auch die Ernteerträge der Landwirtschaft vervielfachen; denn ohne Licht gibt es kein Wachstum.

In den letzten Jahrzehnten haben Wissenschaftler z. B. das Pflanzenwachstum unter Laborbedingungen kontrolliert, d. h., alle nur denkbaren Gemüse- und Getreidesorten wurden nachts beleuchtet. Und siehe da, mit künstlichem Licht wuchsen sie ohne Unterbrechung weiter. Darum könnte Licht aus dem Weltraum während der Nacht für die Agrarwirtschaft ungeahnte Erträge bedeuten. Für die Welternährung wären das ungeahnte, positive Konsequenzen. Wobei natürlich biologischen Einzelheiten Rechnung getragen werden müßte – wie z. B. dem unterschiedlichen Lichtbedarf der Kurz- und Langtagspflanzen.

„Lunetta" wäre allerdings zur Anregung des Pflanzenwachstums ungeeignet, da sein Licht nicht stark genug ist. Für diesen Zweck ist eine Lichtquelle notwendig, die hundert- bis zweihunderttausendmal heller leuchtet als der Mond und etwa halb so stark ist wie das Sonnenlicht. Die Rockwell International will eine solche Anlage zwischen 1995 und 2005 im Erdorbit stationieren. Es handelt sich dabei um ein Spiegelsystem – Soletta –, das mit einer Reflexionsfläche von rund 2100 Quadratkilometern etwa 500 Quadratkilometer kleiner ist als das Großherzogtum Luxemburg.

Allein mit diesem System könnte die Agrarproduktion der Erde nach den Rockwell-Kalkulationen durchschnittlich um vier Prozent gesteigert werden. Das entspricht einer Steigerung der Nahrungsproduktion um 20 bis 30 Prozent. Durch weitere künstliche Lichtsysteme dieser Art könnten für die Landwirtschaft zusätzlich bisher noch unerschlossene Gebiete nutzbar gemacht werden, wie z. B. in Alaska, Sibirien und Kanada.

Im Frühjahr könnten so die schädlichen Nachtfröste verhindert und durch gezielte Lichtstöße aus dem All das Wachstum beschleunigt werden. Alles in allem würde diese Entwicklung eine Revolution der Landwirtschaft mit sich bringen.

Doch damit nicht genug, hat die Rockwell International für die Jahre 2005–2030 das vorläufig größte Spiegelprojekt geplant – die sogenannte „Soletta-Ökologie". Für die Fläche dieses Reflektorsystems sind bis zu 66 000 Quadratkilometer vorgesehen, das entspricht etwa der Größe von Bayern. Nach Dr. Ehricke wäre eine einzige „Soletta-Ökologie" in der Lage, den gesamten Strombedarf der Menschheit zu decken. Sie könnte außerdem aus Luft und Wasser ungeheure Treibstoffmengen produzieren und 2500 Quadratkilometer Wüste mit aus Meereswasser destilliertem Frischwasser versorgen.

Diese Spiegelanlage soll in eine geostatische Erdumlaufbahn gebracht werden, sich also synchron zur Erde bewegen und demzufolge scheinbar immer an der gleichen Stelle bleiben. Sie wird eine Art drahtlose Energiebrücke zur Erde verkörpern – als Sonnenkraftwerk arbeiten, gleichzeitig Licht zur Erde senden, während über einen gebündelten Mikrowellenstrahl Energie an eine irdische Empfangsstation abgegeben wird.

„Lunetta" – Stufe I des himmlischen Lichtplans – wird nach Meinung der Fachleute auf der Erde so gut wie keine Veränderungen bewirken. Denn in der Hauptsache handelt es sich dabei um ein Beleuchtungssystem für Großstädte und andere menschliche Ansiedlungen, Großbaustellen etc. Außer den Jagdgewohnheiten einiger Nachttiere, die in den erleuchteten Gebieten hausen, soll sich angeblich kaum etwas ändern.

„Soletta" – Stufe II der Himmelsbeleuchtung – kann nach Sachverständigenurteilen zwar die Atmosphäre erwärmen und in der Landwirtschaft zur Vermeidung von Nachtfrösten eingesetzt werden, aber eine Störung des allgemeinen Wettergeschehens – wie Kritiker befürchten – ist damit keinesfalls verbunden, wird behauptet. Dagegen gäbe es keine umweltfreundlichere, sauberere Methode zur Steigerung der irdischen Nahrungsproduktion als das Licht der Sonne.

Auch in der Treibstoffproduktion sind neue Projekte in Vorbereitung. So wird Wasserstoff durch neue Speicherungsmethoden als Treibstoff für Autos und Flugzeuge attraktiv.

Wasserstoff könnte der perfekte Kraftstoff sein, da er pro Pfund mehr Energie liefert als Kohle oder Öl und obendrein unvergleichlich umweltfreundlicher ist. Wird Wasserstoff mit Sauerstoff verbrannt, ist der Rückstand pures Wasser. In Verbindung mit Luft ist die Verbrennungstemperatur so niedrig, daß so gut wie keine Abgase auftreten. Außerdem wäre die Beförderung über ein Rohrleitungssystem leicht zu bewerkstelligen. Die Speicherung von Wasserstoff ist allerdings schwierig. In einem Auto z. B. kann in einem Tank von angemessener Größe nicht einmal unter hohem Druck genügend Wasserstoff für eine längere Wegstrecke mitgeführt werden. Flüssiger Wasserstoff kann hier Abhilfe schaffen. In großen Raketen wird z. B. entsprechend viel flüssiger Wasserstoff gespeichert und mit flüssigem Sauerstoff verbrannt.

In einem neuen Versuch soll Wasserstoff in Form metallischer Hydriden gespeichert werden. Diese Hydride (legierungsartige Lösungen, die Wasserstoff in einigen Metallen bilden) verhalten sich bei Zimmertemperatur stabil. Aber durch Erhitzung werden sie zu freiem Wasserstoff abgebaut. Dadurch läßt sich wahrscheinlich das Problem kleiner Wasserstofftanks für Rasenmäher, Autos und auch Flugzeuge lösen.

Wasserstoff kann durch die Elektrolyse von Wasser gewonnen werden. Das wäre aber nur ökonomisch bei sehr billigem Strom. Zur Erzeugung von Wasserstoff – der dann verflüssigt und über Rohrleitungen transportiert wird – benutzt man im Kraftwerk Elektrizität. Bei Bedarf wird der Wasserstoff durch Kraftstoffzellen wieder in Elektrizität oder, bei Benutzung in Kraftwagen, in metallische Hydride umgewandelt. Oft ist es wesentlich billiger, Wasserstoff über ein Rohrleitungssystem zu transportieren als Strom durch Hochspannungsleitungen.

Interessant dürfte sein, daß zur Umwandlung von Wasserstoff in mechanische Antriebskraft keine neuen Techniken entwickelt werden müssen. Jeder Verbrennungsmotor, der mit Kraftstoff auf Erdölbasis läuft, kann auch mit Wasserstoff betrieben werden. Konventionelle Gasturbinen und Düsenflugzeuge wurden bereits erfolgreich mit Wasserstoff angetrieben.

Zum Glück kann Wasserstoff auch auf ganz natürliche Weise gewonnen werden. Zum Beispiel durch bestimmte Arten von Blau- bzw. Grünalgen und Enzyme, die im Prozeß der Photosynthese Wasser in Wasserstoff und Sauerstoff spalten. Die Algen nehmen Sauerstoff auf und geben dadurch Wasserstoff frei.

Der so aus Wasser und Sonnenlicht gewonnene Wasserstoff kann nicht nur jede Art von Fortbewegungsmittel, sondern auch Zentralheizungen u. a. antreiben. Aber das ist nicht alles, denn die Algen sind auch noch „eßbar". Periodisch könnten Algenfarmen abgeerntet und zu hochwertiger, proteinreicher Nahrung verarbeitet werden.

Die Erfahrungen in der Wasserstoffgewinnung sind allerdings vorläufig noch auf „Reagenzglas-Ebene" beschränkt; und obwohl die in den Laboratorien gewonnenen Wasserstoffmengen zur Zeit noch gering sind, ist doch für die Zukunft eine ausreichende Wasserstoffproduktion – durch die phänomenale Leistungsfähigkeit der Photosynthese – zu erwarten.

Sonnenenergie und Wasserstofftreibstoff könnten uns von fossilen Brennstoffen und Atomenergie unabhängig machen.

Auch die Kernverschmelzung wird in absehbarer Zeit gelingen und dann als wichtige Energiequelle dienen. Wenn auch im Moment Kernspaltung als Energielieferant nicht zu unterschätzen ist, so stellen doch ihre radioaktiven Abfallstoffe, wie jedem inzwischen bekannt sein dürfte, ein Problem dar. Daher wäre Kernverschmelzung bei fortschreitender Energieverknappung die weitaus beste Lösung auf dem Gebiet der Kernkraft. Und nicht nur, weil es sich dabei um eine absolut saubere Energiequelle handelt, sondern weil Deuterium – schwerer Wasserstoff – benutzt wird, mit dem die Erde durch die Weltmeere reichlich gesegnet ist. Bisher scheiterte die Verwirklichung nur an der Frage, wie die Fusion bewerkstelligt werden kann.

Auch die Energieabgabe der Sonne vollzieht sich durch Kernverschmelzung; denn die Sonne ist ein glühender Gasball, in dessen Inneren sich atomare Kernreaktionen abspielen. So entspricht die von der Sonne in nur einer einzigen Sekunde abgestrahlte Gesamtenergie der Sprengkraft von einer Milliarde Wasserstoffbomben – mit einer Sprengkraft von je einer Megatonne TNT-Sprengstoff. Bei der ungeheuren Temperatur im Sonnenzentrum prallen die Wasserstoffatomkerne mit einer derartigen Wucht aufeinander, daß sie in einer Kernreaktion zu Helium verschmelzen, d.h., pro Sekunde verschmelzen im Kern der Sonne 564 Millionen Tonnen Wasserstoff zu 560 Millionen Tonnen Helium, bei einem Druck von 200 Milliarden Atmosphären und einer Temperatur von 15 Millionen Grad. Im Innern einer Wasserstoffbombe sind die Vorgänge ähnlich, nur daß sie hier explosiv und nicht kontinuierlich verlaufen.

Durch die Umwandlung von Wasserstoff in Helium pro Gramm Wasserstoff wird eine Energiemenge von 170 000 Kilowattstunden produziert.

Jetzt soll eine Methode entwickelt werden, um Gas auf die benötigte Temperatur zu erhitzen. Metallbehälter eignen sich dazu ganz offensichtlich nicht. Es ist mit Hilfe von Magnetfeldern gelungen, das ionisierte, elektrisch leitende Wasserstoffgas, das Plasma, wenigstens für kurze Zeit einzuschließen.

An der Universität Rochester führen Wissenschaftler Verschmelzungsexperimente in einem Becken mit geschmolzenem

Lithium durch. Dabei werden gefrorene Deuteriumkugeln in Lithium gefeuert und, kurz bevor sie untergehen, mit einem Laserstrahl beschossen. Die durch den Fusionsprozeß entstehende Hitze wird durch das Lithium gehalten. Anschließend wird das erhitzte Lithium in einen Dampfkessel gepumpt und dann in den Fusionsreaktor zurückgebracht. Der Dampf treibt einen konventionellen Generator mit den üblichen Turbinen an.

Durch den Laserstrahl sollen die Kügelchen komprimiert werden, um die benötigte Fusionstemperatur für das Deuterium zu erreichen. Damit wäre dann die Fusionsreaktion zur Gewinnung eines Energieüberschusses eingeleitet. Im Moment existiert zwar noch kein Laserstrahl, der stark genug wäre, eine solche Fusion auszulösen. Es müßte ein ungeheurer Energieschub aufgebaut und dann blitzschnell mit einem Schlag wieder freigegeben werden, um den hochenergetischen Laserstrahl zu aktivieren. – Es sieht jedoch so aus, als könne die Lasertechnik dieses Problem in nächster Zeit lösen.

Bei der Bildung von einem Kilogramm Helium durch Kernfusion wird folgende Energie freigesetzt: 200 Millionen Kilowattstunden, das entspricht 20 000 Tonnen Steinkohle oder 160 000 Tonnen TNT-Sprengstoff. Bei diesem Prozeß entstehen so gut wie keine gefährlichen radioaktiven Abfallprodukte, deren Beseitigung ernste Probleme aufwirft. Die kontrollierte Kernfusion bietet uns die Möglichkeit, auch ohne den Umweg über Generator und Turbine, direkt elektrischen Strom zu gewinnen.

Unter der Bezeichnung „Unitor" soll der erste stromliefernde Fusionsreaktor in den achtziger Jahren möglicherweise als Gemeinschaftsprojekt von allen an der Fusion arbeitenden Nationen gebaut werden. Die Sowjets, die im letzten Jahr dieses Projekt vorschlugen, haben sich bereit erklärt, die

Anlage in der Sowjetunion zu errichten, wollen sich aber auch an einem Reaktor beteiligen, der in einem anderen Land gebaut wird.

Aber auch damit sind die möglichen Energiequellen für den Menschen noch nicht erschöpft. Er könnte sogar auf den Erdkern selbst zurückgreifen, der ein immenses Energieangebot bereithält. – Auf der Erde existieren etwa 500 tätige Vulkane – die Energieventile des flüssigen äußeren Erdkerns. Energie, die ungenutzt verrinnt – wieviel, kann niemand ermessen; denn es ist bisher nur an wenigen Stellen gelungen, die vulkanischen Kräfte aus dem Erdinnern unter Kontrolle zu bringen. Dort, wo Dampf und heißes Wasser direkt an die Oberfläche dringen, ist die Entwicklung naturgemäß am weitesten fortgeschritten. Beispielsweise in Island, wo ganze Städte mit vulkanisch erhitztem Wasser beheizt werden und in den damit versorgten Treibhäusern sogar Bananen wachsen.

Schon 1928 wurde in Island systematisch mit Bohrungen nach natürlichem Heißwasser begonnen. Und inzwischen geht ein Teil der umfangreichen Bohrungen bereits bis auf eine Tiefe von 2000 Metern und mehr, und man erschloß Heißwasservorkommen bis zu 140° Celsius. Im nördlichen Island wird eine Industrieanlage mit vulkanischem Dampf betrieben.

Aber nicht nur in Island wird geothermische Energie benutzt, sondern auch in der UdSSR, in Neuseeland, Italien, Japan, Mexiko und den USA. In Italien wäre z.B. die Stromversorgung ohne das nördlich der Stadt Siena gelegene große Vulkankraftwerk Larderello überhaupt nicht mehr denkbar. Dieses Kraftwerk versorgt das Land schon jahrzehntelang mit jährlich etwa drei Milliarden Kilowattstunden. Die staatliche Eisenbahn erhält genauso von Larderello ihren Strom wie die Toskana und die Stadt Rom. Dort wurde in Hunderten von Bohrungen ein unterirdisches Dampflager erschlossen, das an der Oberfläche durch undurchlässige Schichten abgedichtet ist und von unten durch einen ruhenden Vulkan aufgeheizt wird. Der Dampf schießt mit 35 Atmosphären Druck und einer Austrittsgeschwindigkeit von 120 bis 470 Meter pro Sekunde aufwärts und hat eine Temperatur von 140 bis 240° Celsius. Für einen Energiefachmann beeindruckende Zahlen. Aus diesem Grund ist es um so begreiflicher, daß überall auf der Welt, wo auch nur die geringste Aussicht auf Erfolg besteht, Versuche gemacht werden, vulkanischen Dampf für die Energiegewinnung zu nutzen ...

Es gibt auch schon eine ganze Reihe von Kraftwerken dieser Art. Zum Beispiel gehört die Anlage in Wairakei, auf der Nordinsel von Neuseeland, seit Jahren zu einer der leistungsfähigsten. Da in den vulkanischen Dämpfen neben Kohlensäure und Kohlenwasserstoff auch Ammoniak, Borsäure und Fluorsäure enthalten sind, müssen die in die Tiefe getriebenen Rohre aus besonders korrosionsbeständigem Stahl hergestellt sein. Diese Rohre sind pro Meter mit 85 Schlitzen versehen, durch die der Dampf nach oben entweicht. Zur Zeit liefert das Kraftwerk über 170 000 Kilowattstunden Strom.

Etwa 150 Kilometer nördlich von San Franzisko wurde Anfang der siebziger Jahre ein ertragversprechendes Dampfvorkommen erschlossen. Doch eines der größten Geothermalgebiete der Welt entdeckte man im Süden von Kalifornien. Es liegt 50 Kilometer östlich von El Centro an der mexikanischen Grenze und soll nach Schätzungen ausreichen für die Stromversorgung von dreißig Städten in der Größenordnung von San Franzisko – und darüber hinaus für die Bewässerung der Felder.

„Geysers", das etwa 130 Kilometer südlich von San Franzisko arbeitende geothermische Kraftwerk, produziert genügend Strom, um etwa zehn Prozent der wachsenden Nachfrage aus den benachbarten Gebieten zu decken. Es handelt sich hier um die größte geothermische Anlage der Welt, und weitere dieser Art sind vorgesehen. Während die gegenwärtige Technik noch vorwiegend mit Dampfvorkommen arbeitet, sind Wissenschaftler bestrebt, Heißwasservorkommen nutzbar zu machen, die verbreiteter sind. In der Sowjetunion ist eine solche Anlage bereits in Betrieb. Diese Entwicklung rückt geothermische Kraftwerke in den Bereich von Größenordnungen, die bisher nur herkömmlichen Kraftwerken vorbehalten waren. Doch mit dem in aller Welt ständig zunehmenden Energiebedarf – und den gleichzeitig wachsenden Schwierigkeiten, ihn zu decken, rücken die Möglichkeiten zur Ausnutzung des größten uns zur Verfügung stehenden Energievorkommens – der Erdwärme selbst – immer mehr in den Mittelpunkt des Interesses.

Auch in Gebieten, die offenbar über keine vulkanischen Quellen verfügen, wäre es möglich, die natürlichen Wärmereserven der Erde zu nutzen. Heißer Dampf ist dazu nicht unbedingt erforderlich. In tiefen Bohrlöchern könnte z. B. Wasser oder eine andere Flüssigkeit in geschlossenen Systemen verdampft werden. Der an die Oberfläche der Erde beförderte Dampf würde über Turbinen geleitet, abgekühlt und als Kondenswasser wieder in den Kreislauf zurückgeführt. Die Realisierung dieser Möglichkeiten erfordert natürlich Zeit, aber das zunehmende Interesse an natürlichen Energiequellen zeigt sich allein schon an der ständig wachsenden Anzahl von systematisch erbohrten Thermalwasservorkommen in Mitteleuropa. Aufgrund planmäßiger Bohrungen in Gebieten erloschener Vulkane entstanden allein in der Bundesrepublik Deutschland mehrere Thermalbäder, u. a. in der Schwäbischen Alb, im Rheinischen Schiefergebirge und auch im Schwarzwald.

Letztlich hoffen Fachleute, das ungeheure Wärmevorkommen des flüssigen Erdinnern – des Magmas – anzapfen zu können. Das Erdinnere, das mit seinem Radius von 3485 Kilometern etwa so groß ist wie der Mars, macht ein Sechstel des Erdvolumens und ein Drittel der Erdmasse aus. Es besteht aus einem festen inneren Kern, dessen Radius 1220 Kilometer beträgt, und einer flüssigen Kernhülle. Die Bewegung der geschmolzenen Materie in dieser Kernhülle erzeugt vermutlich elektrische Ströme, die ihrerseits das Magnetfeld der Erde hervorrufen.

Aufgeheiztes Felsgestein, das relativ nahe an der Oberfläche der Erde liegt, stellt eine ausgiebige Energiequelle dar. Aber die Frage ist, wie sie zu bändigen wäre. Experten gehen von zwei Möglichkeiten aus: Land über solch einer Hitzequelle durch atomare Sprengung fortzuräumen – dann könnte Wasser um das erhitzte Felsgestein zirkulieren – oder Wasserinjektionen über der Hitzequelle in Felsspalten und Brunnenschächten durchzuführen, aus denen dann das erhitzte Wasser herausgepumpt wird.

Da sich viele heiße Quellen innerhalb einer Acht-Kilometer-Zone unter der Erdoberfläche befinden, sind einige Wissenschaftler zu der Überzeugung gelangt, daß die Möglichkeit der Energiegewinnung aus dem Erdinnern in Reichweite liegt.

Auf der Erdkruste türmen sich inzwischen Gebirge von Abfällen, die von der Konsumgesellschaft ständig ausgestoßen werden. Eine rationelle Müllverbrennung könnte dagegen einen jährlichen Energiebedarf decken, der allein in den USA 400 Millionen Tonnen Öl entspräche, rund zehn Prozent der gegenwärtigen Ölproduktion dieses Landes. Der jährliche Anfall von Haushaltsmüll beträgt in den Vereinigten Staaten über 300 Millionen Tonnen. Eine beträchtliche Menge wird zur Landaufschüttung wiederbenutzt, ein großer Teil landet in den

Meeren und der Rest hin und wieder auf örtlichen Müllhalden. Eine rationell arbeitende Müllverbrennungsanlage kann für jede Tonne Haushaltsmüll den Gegenwert von 250 Litern Öl gewinnen. Der verbleibende Rest ist ein steriler Rückstand, Asche, der gepreßt zum Straßenbau oder als umweltfreundliches Material zur Landaufschüttung verwendet werden kann. Um Luftverschmutzung durch den Verbrennungsprozeß zu vermeiden, wird das ausströmende Gas gereinigt und gefiltert.

In Lynn, Massachusetts, ist auf Privatinitiative eine Verbrennungsanlage für Haushaltsmüll errichtet worden, die 16 Gemeinden aus der Umgebung mit täglich etwa 1200 Tonnen Abfall beschicken. Der Müll wird über treppenförmig angelegte Schüttelroste nach unten befördert. Das Schütteln während der Beförderung gewährleistet eine vollständige Verbrennung. Die heißen Gase produzieren Hitze für einen Dampfkessel und entströmen nach der Filterung in die Luft. Der Dampf wird über ein Rohrleitungssystem zu einem Kraftwerk geleitet, das sonst täglich 312 000 Liter Heizöl benötigen würde. In Europa und Japan existieren bereits über 60 solcher Anlagen, die durch Müllverbrennung umweltfreundliche Energie produzieren.

Der Ingenieur David W. Rabenhorst von der amerikanischen John-Hopkins-Universität hat ein Energiespeicherungssystem entwickelt, das Elektro-Autos gegenüber den umweltverschmutzenden Benzinkutschen in bezug auf Leistung und Operationsradius voll konkurrenzfähig macht.

Sein „Superschwungrad“ ist in der Lage, pro Pfund der Blei-Säure-Batterie – die gegenwärtig in elektrisch angetriebenen Autos benutzt wird – das Dreifache an Energie zu speichern und abzugeben. Schon bald wird es ein leistungsfähiges, umweltfreundliches Auto geben.

Das „Superschwungrad“ ist ein bürstenähnlicher Rotor, der

aus Tausenden von Glas- oder Graphitstäbchen besteht, die von einer Mittelnabe strahlenförmig ausgehen und ein Rad formen. In einer Vakuumkammer montiert und durch Rotation aufgeladen, wird schnell eine beträchtliche Energiemenge gespeichert, die dann nach und nach stärker oder schwächer wieder abgezogen werden kann.

Durch neue Techniken und Materialien hat das „Superschwungrad" eine erprobte Energiekapazität von 30-Watt-Stunden pro Pfund, also das Zehnfache eines 1953 in vielen Ländern erfolgreich benutzten Elektrobusses und das Dreifache der Kapazität von Blei-Säure-Batterien. Mit hintereinander geschalteten 100-Pfund-Batterien könnte ein „Superschwungrad" von nur 3,3 Pfund genügend Energie liefern, um ein 1300-Pfund-Elektro-Auto in bezug auf Beschleunigung und Operationsradius konkurrenzfähig zu machen zu den Wagen, die mit Verbrennungsmotoren angetrieben werden.

Dieses neuartige Schwungrad wird einer der wichtigsten technischen Beiträge sein, um der Umweltverschmutzung durch Abgase und der zunehmenden Treibstoffverknappung zu begegnen. Nicht zuletzt ist das elektrisch angetriebene Fahrzeug besonders für Stadtgebiete von Interesse. Die Verwendungsmöglichkeiten sind zahlreich. Denn ein etwas über 2100 Pfund wiegendes „Superschwungrad" kann sekundenlang 100 000 Pferdestärken erzeugen. – Die Erde selbst ist ein massives Superschwungrad, das sich geräuschlos und leistungsfähig dreht und dabei immense Mengen von Rotationsenergie speichert. – Das Superschwungrad ist vielleicht eines der Energiespeicherungssysteme von morgen, durch das nicht nur Autos, sondern auch Maschinen, Boote, Flugzeuge und vielleicht sogar Raumschiffe angetrieben werden können.

Die ferne Zukunft hält für den Supermenschen dann sicherlich Energiequellen bereit, die unserem momentanen

Entwicklungsstand verschlossen sind, z. B. die Energiegewinnung durch Antimaterie-Materie-Zerstrahlung.

Schon 1928 stellte der englische Physiker Paul Dirac die Behauptung auf, daß zu jedem Elementarteilchen ein Antiteilchen existiert. Wenn man so will, ein Spiegelbild der Materie. 1938, kurz nach Diracs Voraussage, wurde dann tatsächlich das erste Antielektron – Positron – von Anderson in der kosmischen Strahlung gefunden. Es entspricht ungefähr einem Elektron, ist aber im Gegensatz dazu positiv geladen und dreht sich in seinem Spin in entgegengesetzter Richtung.

Seit Diracs Vorhersage über die Existenz von Antimaterie nehmen die Spekulationen über ihre Aufgabe im Universum kein Ende. Inzwischen gelang es den Sowjets, aus Atomkernen Antiatomkerne entstehen zu lassen: sie beschossen Aluminiumfolie mit einem Protonenstrahl – also einem Strahl aus Wasserstoffatomkernen. Im Protonenbeschleuniger Serpuchow, südlich von Moskau, erreichte er eine Energie von 70 Millionen Elektronenvolt. Als diese Teilchen mit dem Kern der Aluminiumfolie zusammenprallten, bildeten sich u. a. auch Atomkerne, die sich aus zwei Antineutronen und einem Proton zusammensetzten – das Spiegelbild der Atomkerne des radioaktiven Wasserstoffisotops Tritium. – Schon drei Jahre später konnten die Sowjets Antiheliumkerne herstellen.

Nun fanden Wissenschaftler vom Moskauer Physikalisch-Technischen Joffe-Institut der Akademie der Wissenschaften durch Experimente mit Satelliten und Raumsonden im Weltraum auch noch Antimateriekerne des Metalls Lithium. In diesen kosmischen Partikeln nahe der Erde und dem Mond sind 0,5 Promille Antiwasserstoff, Antihelium und Antilithium enthalten. Die Antilithiumkerne setzen sich aus drei negativ geladenen Antiprotonen und drei bis fünf Antineutronen zusammen.

Seitdem die Existenz von Antimaterie als erwiesen gilt, wird spekuliert, daß es außer Antisternen und Antigalaxien auch Antiuniversen gibt, ja, daß sogar unser jetziges Universum aus einem Spiegeluniversum – einem Antiuniversum – entstanden ist, das vor etwa 30 Milliarden Jahren in einer kosmischen Katastrophe zugrunde ging. Nach dieser These bestand dieses Universum in der Hauptsache aus Antimaterie und explodierte durch Verdichtung bei immens hoher Temperatur. Im Verlauf des Atomzerfalls bildete sich dann überwiegend Materie, woraus unser Universum schließlich hervorgegangen sein soll.

Der springende Punkt dabei ist, daß bei einem Zusammenprall von Materie und Antimaterie eine sofortige Zerstrahlung mit einer gewaltigen Energiefreigabe erfolgt – und hier wäre bei einer entsprechend fortgeschrittenen Technologie eine unvergleichliche, wenn auch gefährliche, Energiequelle für die ferne Zukunft gegeben.

Bei ihrer Suche nach dem Urstoff der Materie nähern sich Physiker immer mehr einem entscheidenden Stadium. Seit Leukippos von Milet (5. Jh. v. Chr.) und sein Schüler Demokrit von Abdera (460 v. Chr.) zum ersten Mal ihre Atomtheorie aufstellten, die besagte, daß sich Materie aus nicht teilbaren Einheiten, also aus Atomen zusammensetzt, mußten beinahe 2500 Jahre vergehen, bis diese Ansicht revidiert wurde. Denn erst in unserer Zeit fand man mehr und mehr Elementarteilchen und Antiteilchen.

Als die Wissenschaftler begannen, die Materie immer weiter zu zerlegen, um auf einen Urkern zu stoßen, hatten sie immer größere Schwierigkeiten. Denn die Atomkerne setzen sich aus Neutronen und Protonen zusammen, die – durch Pi-Mesonen energetisch verschweißt – nur den in 13 Nullen auszudrückenden Bruchteil eines Zentimeters, also 0,000 000 000 000 1 Zentimeter, groß sind.

Die elektrisch positiv geladenen Protonen eines Atomkerns halten dieselbe Anzahl gleich stark negativ geladener Elektronen in Umlaufbahnen, wie Satelliten, gefangen. Sie sind so unbeschreiblich schnell, daß sie als „allgegenwärtig“ bezeichnet werden können. Die Elektronenhülle ist unverhältnismäßig größer als der Kern. Atome bestehen also zum größten Teil aus „Raum“ und Energie. Es gibt Wissenschaftler, die sogar den Standpunkt vertreten, daß Materie im Endeffekt nichts anderes als unvorstellbar dicht zusammengerollte Raum-Zeit ist.

Um in solch unbeschreiblich kleine Dimensionen vorstoßen zu können, bedurfte es der entsprechenden Technik. Anfangs wurden Protonen oder andere Teilchen durch Protonen oder andere Teilchen unter Beschuß genommen. Denn diese winzigen Partikel sollten noch weiter zertrümmert werden, um so vielleicht in den Bruchstücken auf einen fundamentalen Kern zu stoßen. Zur Erforschung der kleinsten Teilchen war ein ungeheurer technischer Aufwand notwendig, der schließlich zu den größten Beschleunigern der Welt führte. In den Vakuumrohren dieser Beschleuniger wird ein elektrischer „Spannungssog“ erzeugt, in den die Elektronen oder Protonen geraten. Dabei wird ihre Geschwindigkeit fast bis auf Lichtgeschwindigkeit beschleunigt, und gleichzeitig erhöht sich ihr Gewicht immer mehr. Bei annähernd Lichtgeschwindigkeit kann ihre beschleunigte Masse nach einem Gesetz der Relativitätstheorie ihre ruhende Masse um das Zehntausendfache und mehr übertreffen.

Die Energieeinheit, mit der die „Wucht“ der hochbeschleunigten Teilchen gemessen wird, ist das Elektronenvolt. Es ist die Energie, die ein Elektron nach dem Durchlaufen eines Spannungsgefälles von einem Volt erhalten hat.

In Genf wird ein Materiebeschleuniger – Protonen-Synchrotron genannt – Protonen auf zunächst 200 Milliarden Elektronenvolt beschleunigen, bevor diese auf Treffplatten gelenkt und dann zur Reaktion mit anderen Teilchen gezwungen werden.

Man sollte nun nicht annehmen, daß bei einem Beschuß von „Kugeln“ durch „Kugeln“ neue „Kugeln“ entstehen – anstatt der erwarteten Bruchstücke. Aber genau das ist in der Hochenergiephysik der Fall. Denn durch den Zusammenprall zweier Protonen können sich z. B. drei Protonen und ein Antiproton bilden. Auf diese Weise wurden mehr als 200 verschiedene Teilchen entdeckt, die sich durch die Aufprallenergie materialisierten. Zur großen Verblüffung der Wissenschaftler stieß man also nicht auf wenige fundamentale Teilchen, sondern auf einen Riesenverein sonderbarer Mitglieder, die ihre Zugehörigkeit nur in Millionstelbruchteilen von Millionstelsekunden unter Beweis stellten, bevor sie sich wieder in Strahlung auflösten.

Physiker haben es sich nun zur Aufgabe gemacht, dieses Teilchen-Massenangebot nach Eigenschaften einzuordnen, um ein grundlegendes System aufzudecken. Das führte zur Vermutung, daß fast alle Teilchen aus sechs denkbaren Grundbausteinen bestehen könnten, die von dem Physiker Murray Gell-Mann humorvoll „Quarks“, Dreikäsehochs, genannt wurden. Drei „Quarks“ sollen theoretisch einen fundamentalen „Bausatz“ für alle Hadronenmaterie bilden, aus der 99,9 Prozent der uns umgebenden Materie und wahrscheinlich etwa 90 Prozent des Energiegehalts des Universums bestehen. Die Antimaterie würde sich hier aus drei „Antiquarks“ zusammensetzen. Schon heute scheint sicher zu sein, daß Neutronen und Protonen eine feine, punktförmige Unterstruktur besitzen. Da man aber nicht genau weiß, ob sich dahinter nicht vielleicht die langgesuchten „Quarks“ verbergen, wurden sie vorsichtshalber erst einmal Protonen genannt.

Reflexion

Krisen nach Bedarf

„Ich könnte mühelos noch eine ganze Reihe anderer Energiemöglichkeiten aufzählen“, sagte Lahn. „Man hätte natürlich ganz offensichtlich vor allen Dingen in der Übergangsphase die verschiedensten Energiequellen ausschöpfen müssen, um den steigenden Bedarf zu decken. Angefangen bei der Kohle, die als Gas, fest und als flüssiger Brennstoff verwendet werden kann, bis hin zu umweltfreundlicheren Quellen wie Sonnenenergie, Wasserstoff, geothermische Energie und unter anderem auch Kernfusion.“

„Und warum wurde dann von diesen anderen Methoden nicht ganz massiv Gebrauch gemacht?“ fragte Frost.

„Irgendwann wäre das schon geschehen“, antwortete Lahn. „Dann, wenn es keine andere Wahl mehr gegeben hätte, zum Beispiel bei irgendeiner schwerwiegenden Krise. Aber natürlich in jedem Fall zu spät, denn kostbare Jahre waren bereits verplempert. Und machen wir uns doch nichts vor, in letzter Konsequenz wird der Kurs doch sowieso nur durch Politik und Geld bestimmt. Warum also enorme Summen in die Entwicklung neuer Energiequellen investieren, wenn es mit weniger Aufwand auch weitergeht. Wer kümmert sich schon um die Umwelt, die Ausplünderung und Zerstörung der Erde. Wem macht – vielmehr machte das schon etwas aus.“

„Den Menschen“, sagte Frost. „Wenigstens einer ganzen Anzahl.“

„Den Menschen? Daß ich nicht lache! Die lassen sich doch nur durch eine plötzliche Katastrophe – einen Schock – aufscheuchen“, Lahn ereiferte sich. „Und auch das nur, soweit sie selbst betroffen sind. Ausnahmen gibt es natürlich immer. Hinterher wird das Ganze nur zu gern verdrängt, vergessen. Aber um fair zu bleiben, es wurden natürlich Gelder für die Erschließung neuer Energiequellen bereitgestellt, wenn auch viel zu spät, sozusagen fünf Minuten nach zwölf. Und verglichen mit den Ausgaben für die Rüstung in aller Welt, sind die Summen eher als peinlich zu bezeichnen.“

„Ja, das ist nicht zu übersehen.“ Frost warf einen Blick auf die zerfetzte Betonlandschaft – abgekippt wie Baumüll im gnadenlos gleißenden Sonnenlicht. Nach kurzem Schweigen fuhr er fort: „Aber hätte das ökologische Gleichgewicht durch die Spiegelreflektoren und Energiesatelliten nicht empfindlich gelitten, und wären damit nicht neue Gefahren für den Menschen heraufbeschworen worden? Hätten die Licht- und Wärmereflektoren nicht die Eiskappen der Pole zum Schmelzen gebracht? Und was würde bei einem außer Kontrolle geratenen Sonnenreflektor passieren, könnte er nicht Teile der Erde in einer Art Brennglaswirkung in Brand setzen?“

„Kaum anzunehmen“, sagte Lahn. „Solche Horrorvisionen wurden durch das Rockwell-Team schon rundweg ausgeschlossen. Die Mitarbeiter stimmten allerdings einer grundlegenden Untersuchung der Umweltbelastungen durch die Soletta-Ökologie absolut zu. Und eine Brennglaswirkung wäre ausgeschlossen, weil die Lichtbündelung zu schwach ist, um derartige Konsequenzen heraufzubeschwören.“

„Damit wollen Sie also sagen, daß keine negative Klimabeeinflussung zu erwarten wäre?“

„Ganz recht. Im übrigen wurde an der Kontrolle und Manipulation des Klimas auch schon gearbeitet.“

Hochtief

Wettermanipulationen

Der Aufstieg vergangener Hochkulturen stand fast immer in ursächlichem Zusammenhang mit günstigen geographischen und klimatischen Bedingungen. Dafür legen die einst in den fruchtbaren Tälern von Euphrat, Tigris und Nil beheimateten, kulturell hochstehenden Völker beredtes Zeugnis ab. Viele Jahrhunderte lang galt es als erwiesen, daß ihr Untergang und die Vernichtung der von ihnen geschaffenen, mächtigen Reiche schließlich auf Überfälle durch die Barbaren und auch durch innere Fehden vollzogen wurde. Heute setzt sich durch vielfältiges Beweismaterial immer mehr die Überzeugung durch, daß viele der vergangenen Hochkulturen und ihre Großreiche ebenso durch klimatische Veränderungen dem Untergang preisgegeben waren wie durch feindliche Überfälle und inneren Zerfall.

Von der Jungsteinzeit an bis vor rund 100 Jahren begab sich der Mensch bei drohenden Klimaveränderungen immer auf die Wanderschaft. Sein Weg ist durch Zerstörung gekennzeichnet. Wälder fielen seiner Axt zum Opfer, der Boden wurde von ihm bebaut, bis er hoffnungslos ausgelaugt war und damit das natürliche Gleichgewicht in Frage gestellt wurde. In der Folge traten Klimaveränderungen ein, Flüsse vertrockneten und Quellen versiegten. Pflanzen verdorrten, und die Tiere, soweit sie nicht umgekommen waren, mußten nach einem neuen Lebensraum suchen.

Gegen Ende der letzten Eiszeit zog der Cromagnon-Mensch in die nordeuropäischen Täler. Und mit der zurückweichenden Eisdecke bildete sich langsam eine Pflanzendecke, die den Rentierherden und anderem Wild in der vom Eis befreiten Tundra neuen Lebensraum bot. Zur gleichen Zeit zogen Jäger mongolischen Ursprungs über die Landbrücke der Beringstraße von Sibirien nach Alaska. Als sich das Klima in Mesopotamien verschlechterte, wanderten die Juden nach Ägypten aus, und als dann die fruchtbaren Gebiete Arabiens und Nordafrikas unter der Trockenheit verdorrten, wurden sie von Abraham in die östlichen Mittelmeerländer geführt.

Aber nicht nur in Europa, auch in Südamerika mußte die Urbevölkerung der höheren Gewalt des Klimas weichen. Viele der alten Kulturen Mexikos, die auf der zentralamerikanischen Hochebene lebten, ernährten sich vom Ackerbau, der durch eine Reihe von breiten, flachen Seen begünstigt wurde. Doch als in Dürrezeiten die Seenkette austrocknete, mußten ganze Völkerstämme ihre Heimat verlassen. So erging es den vorklassischen Kulturen um 500 v. Chr., die in einer schweren Dürreperiode zerfielen, und 1200 n. Chr. den Tolteken, die Tollan, heute Tula, aus dem gleichen Grund aufgeben mußten. Mit am schwersten betroffen waren die Azteken, da sie Jahrhunderte hindurch als Nomaden von einem vertrockneten Landstrich zum anderen ziehen mußten, um ihren kärglichen Lebensunterhalt zu finden. Bis sie im Jahre 1395 endlich Tenochtitlán gründeten, ihre spätere Hauptstadt, auf der dann die Stadt Mexiko erbaut wurde. Einst war auch die Sahara ein fruchtbarer, grüner Landstrich. Und noch heute ist es vom Flugzeug aus möglich, die vertrockneten Betten einstiger Flußläufe ins südliche Äquatorialafrika zu verfolgen. Der Sand schiebt sich immer weiter nach Süden und hat die an die Küste angrenzenden Weideländer – die Sahel – bald eingeholt.

Schon in frühgeschichtlicher Zeit suchte der Mensch das Wetter zu seinen Gunsten zu beeinflussen. Dazu brachte er den Göttern Menschen- und Tieropfer dar und tanzte, bis der Regen kam. Während die alten Griechen ihren Göttern unterstellten, daß sie das Wetter ganz nach ihrem Belieben änderten und Zeus seine Donnerkeile willkürlich schleudere, versuchten die Choctaw-Indianer ihre Götter selbst zu beeinflussen. Sie stellten einen ihrer Stammesbrüder mit einem Fisch um den Hals einfach so lange im nächsten Bach ab, bis es regnete.

Durch die Wissenschaft konnte nachgewiesen werden, daß der größte Teil der Erde vor etwa 600 Millionen Jahren vom Inlandeis bedeckt war. Dieser Zustand wurde durch eine Reihe ausgedehnter Wärmeperioden abgelöst – die Zeit der Dinosaurier und *der* Abschnitt in der Geschichte der Erde, in dem der Grundstock für die Kohle- und Ölablagerungen entstand.

Das nördliche Eis schob sich etwa alle 250 Millionen Jahre in südlicher Richtung vor. Aber vor etwa 50 Millionen Jahren setzte ein beschleunigter Abkühlungsprozeß ein. In den letzten Jahrmillionen gab es nur noch alle 100 000 Jahre Warmzeiten, die etwa 10 000 Jahre dauerten.

Ein Team der Universität Kopenhagen unter Leitung von Prof. Willi Dansgaard führte im grönländischen Packeis tiefe Bohrungen nach uraltem Eis durch. In einer solchen Bohrprobe wurde schließlich ein hoher Anteil von Sauerstoff-18 gefunden, der auf Wärme schließen läßt. Ein geringer Sauerstoff-18-Anteil deutet dagegen auf Kälte hin. Dansgaard konnte auf diese Art nachweisen, daß Grönland vor rund 900 000 Jahren eine Warmwetterperiode hatte. In weniger als 100 Jahren muß sich dann ein Wettersturz ereignet haben, der die Erde in beißender Kälte erstarren ließ. Wie sich aus Berechnungen des Sauerstoff-18-Anteils ergab, vergingen bis zur nächsten Wärmeperiode auf der Erde 1000 Jahre. Außerdem bewies Dansgaard, daß der Sauerstoff-18-Anteil im Packeis Grönlands seit 1930 ständig zurückgeht.

Amerikanische Fossiliensucher fanden auf dem Meeresboden vor der mexikanischen Küste Beweismaterial für eine plötzliche Klimaverschlechterung vor ca. 90 000 Jahren. 1975 gab die Akademie der Wissenschaften der USA dann bekannt, daß die „finite“ Möglichkeit einer neuen Eiszeit innerhalb eines Zeitraums von 100 Jahren nicht ausgeschlossen werden könnte. Englische Wissenschaftler räumten dieser Eventualität sogar eine Chance von 1 : 10 ein.

Ein Spezialcomputer für Klima-Verkartung großräumiger Forschung und Vorhersage – CLIMAP – analysierte z. B. einen typischen Herbsttag vor 18 000 Jahren in der geographischen Lage des heutigen London bzw. New York. Hier befanden sich zu jener Zeit gewaltige Inlandeismassen. Der Meeresspiegel lag etwa 100 Meter tiefer, und der Golfstrom befand sich 1000 Kilometer weiter südlich.

Die meisten Klimaexperten sind sich darüber einig, daß die letzte „kleine Eiszeit“ etwa Mitte des 19. Jahrhunderts zu Ende ging. Ihren Anfang verlegen die einen frühestens auf die Mitte des 13. Jahrhunderts und die anderen auf spätestens ca. 1750, aber auch die Jahrhunderte dazwischen könnten nach Meinung von Wetterexperten in Frage kommen. Wann sie auch angefangen hat, diese Eiszeit bedeutete für die Menschen eine Katastrophe.

Vorher war das irdische Klima für Jahrhunderte warm gewesen. Etwa 800 n. Chr. stiegen die Temperaturen in Europa langsam an, und Landstriche, die vorher über Hunderte von Jahren aus dem ewigen Winter kaum jemals wirklich erwacht waren, erwärmten sich plötzlich. Mildere Sommer ermöglichten längere Wachstumsperioden. Mit der Wetterbesserung kamen wagemutige Männer in ihren widerstandsfähigen Langbooten oder Drachenschiffen aus dem hohen Norden, die schon bald ihre Spuren in der halben Welt hinterließen – die Wikinger, die Normannen. Sie segelten in alle Himmelsrichtungen und siedelten sich überall an – an der französischen Küste, in der Normandie ebenso wie in England. Sie drangen nach Rußland vor, zum Kaspischen und zum Schwarzen Meer, überquerten den Bosporus bis nach Konstantinopel und segelten an der afrikanischen Küste entlang bis zu den Kanarischen Inseln.

Im Jahre 981 entdeckte dann „Erik der Rote" Grönland. Dort errichteten die Wikinger eine Siedlung und tauften das Land wegen seiner grünen saftigen Wiesen Grünland. In seinen geschützten Tälern gab es Birkenwälder, und in besonders guten Jahren reiften dort sogar Äpfel. Als der Sohn des roten Erik, Leif Eriksson, nach einjähriger Abwesenheit wieder zurückkam, berichtete er von einem Land, in dem der Tau wie Honigwasser schmecke, das Vieh im Winter draußen nächtigen könne und unübersehbare Wälder Holz in Hülle und Fülle lieferten. Da es in diesem Land auch Weinstöcke und Reben gab, nannte er es Vinland. (Es könnte sich hier um Neufundland handeln, aber auch um die Ostküste Amerikas in der Gegend des heutigen Boston.)

Etwa um 1270/71 setzte erneut ein Witterungsumschwung ein. Die Gletscher dehnten sich wieder landeinwärts aus, und auf den Nordmeeren bildete sich mehr und mehr Eis. Damit war dem Reisetrieb der Wikinger ein natürliches Ende gesetzt. Zuerst traf der Witterungssturz die nordeuropäischen Gebiete: Island, Schottland und große Teile Skandinaviens waren beinah das ganze Jahr unter Schnee und Eis begraben.

Der fürchterliche Winter 1315–1316 bildete den bitteren Auftakt zu einem tragischen Jahrhundert, das von Epidemien und Hungersnöten heimgesucht wurde. 1348 tauchte zu allem anderen auch noch die schreckliche Beulenpest auf, der sogenannte Schwarze Tod. Er ließ dann 300 Jahre lang den europäischen Kontinent nicht mehr zur Ruhe kommen und stürzte die Menschen in tiefste Verzweiflung. Als diese Seuche im 17. Jahrhundert so gut wie gebannt war, hatte sie etwa 25 Millionen Menschen dahingerafft.

Im 15. Jahrhundert hatten sich die Menschen an jahreszeitlich unberechenbares Wetter gewöhnt und daran, daß die Winter bitterste Kälte brachten. Durch besondere Härte zeichnete sich der Winter des Jahres 1431 aus. Über Skandinavien standen eisige Luftmassen, die sich nicht rührten. Arktische Stürme fegten Schnee und Eis in Richtung Süden. Als das Jahr 1432 einzog, war in Deutschland jeder Fluß zu Eis erstarrt. Skandinavische und alpenländische Gletscher wuchsen bedrohlich, und die Nordmeere wurden durch Packeis unpassierbar. In Südfrankreich zerbiß der Frost sämtliche Weinstöcke.

Im 16. Jahrhundert war die Witterung nicht viel besser. In den sechziger Jahren (um 1560) wurden z. B. in England durch endlose Regenfälle für Jahre die Ernten vernichtet. Zudem erlagen die seit der Römerzeit kultivierten Rebstöcke der klirrenden Kälte. Im Jahre 1600 starben in Rußland und Polen 500 000 Menschen an Hunger und Seuchen, weil die Ernten in weiten Gebieten durch die schlechte Witterung ausfielen.

Aber die eisigste Dekade seit der letzten großen Eiszeit fiel in die Jahre von 1643 bis 1653. Durch eine Mißernte im Jahr 1652 waren in Rußland wieder Massen von Menschen zu unendlichen Leiden verdammt. Dagegen trocknete England in den sechziger Jahren des gleichen Jahrhunderts unter der brütenden Hitze vollständig aus. In diesen Jahren verdunstete die Themse zu einem seichten Bach, auf dem die Schiffahrt eingestellt werden mußte. Die vor Trockenheit knisternden Holzhäuser von London entzündeten sich schließlich zum „Großen Brand“, der Hunderttausende obdachlos machte und die Stadt vernichtete. Allerdings hatte das Feuer bewirkt, daß die Pest zum erstenmal seit 300 Jahren nicht ausbrach.

Im 18. Jahrhundert nahm die kleine Eiszeit sogar an Härte zu. So forderten die bitterkalten Winter der Jahre 1739 und 1740 besonders in Schottland, Island und Neufundland schwere Opfer. Im gleichen Jahr vernichtete sie auch das irische Hauptnahrungsmittel, die Kartoffel, und in der Folge verhungerten Tausende. Auch im Jahre 1770 machte der Tod wieder reiche Beute. Denn wegen der ständigen Mißernten brachen Hungersnöte aus, die in Rußland und Polen zur Beulenpest führten, die in Europa noch immer aufflammte.

Im gleichen Jahrzehnt quälten sich englische Soldaten im amerikanischen Freiheitskrieg in eisiger Kälte mit ihren Kanonen über den zugefrorenen New Yorker Hafen von Manhattan nach Staten Island, während in Valley Forge George Washington und seine Truppen beinahe erfroren.

1788 wurde Nordfrankreich von einer derartigen Dürre heimgesucht, daß die auf dem Halm stehende Ernte schon im Frühsommer verdorrte. Das, was noch übriggeblieben war, fiel im Juli herabprasselndem Hagelschlag zum Opfer. Der Getreidemangel führte im Jahre 1789 zu den berüchtigten Brotaufständen und schließlich zur Erstürmung der Bastille.

1800 kam das ohnehin bitterarme Irland durch die Kartoffelfäule wieder um eine Kartoffelernte und verlor damit erneut sein Hauptnahrungsmittel. Die Auswirkungen waren fürchterlich, denn das Fleckfieber – das Hungerfieber – tötete Tausende. Damit kam es zu einer Massenflucht. Über eine Million Iren verließ damals völlig mittellos die Heimat und wanderte nach Amerika aus. Nach der irischen Hungersnot ließ die kleine Eiszeit allmählich nach. Die Winter wurden kürzer, das Klima erwärmte sich allmählich. Die Jahreszeiten stabilisierten sich, und um 1860 begannen die Gletscher langsam zu schmelzen. In allen Teilen der Erde verbesserten sich die Wetterstrukturen ständig, bis sie schließlich in den letzten 60 Jahren ein für unsere Begriffe normales Stadium erreichten. Aber „normal" ist das Wetter nun ganz und gar nicht zu nennen. Was uns betrifft, so haben wir eine ganze Menge Glück, gerade jetzt zu leben. Denn betrachtet man die vergangenen 400 Jahre, so war das Klima zu keiner Zeit so günstig wie in den letzten 100 Jahren.

Schon seit 25 Jahren beschäftigen sich Wetterexperten mehr oder weniger erfolgreich damit, das Wetter zu ändern. Kurz nach dem Zweiten Weltkrieg wollten die Wissenschaftler Dr. Vincent Schaefer und Irving Langmuir vom amerikanischen Konzern General Electrics die Ursache für das Vereisen von Flugzeugen ergründen. Zu diesem Zweck produzierten sie in ihrem Labor eine künstliche Wolkenkammer, die sie unterkühlten. Doch diese im Juli 1946 durchgeführten Versuche schlugen beinahe fehl, weil die Außentemperaturen zu stark anstiegen. Schaefer versuchte daher, den Kühlungsprozeß durch verschiedene Chemikalien zu forcieren. Aber alles blieb erfolglos. Schließlich hatte er die Idee, den Kühlungsprozeß in der Wolkenkammer durch Zusatz von Trockeneis (fester Kohlensäure) zu beschleunigen. Und es gelang ihm tatsächlich, seine „Laborwolke" durch einen künstlichen Eingriff abzukühlen. Damit war zumindest theoretisch der Beweis erbracht, daß das Wetter zu verändern ist – daß Regen produziert werden kann.

Seit dieser Zeit sind mit wechselndem Erfolg ständig Wetterexperimente durchgeführt worden. Im Jahre 1969 veröffentlichte die Weltorganisation für Meteorologie ein

Zwischenergebnis über die verschiedenen Versuche der künstlichen Steigerung von Niederschlägen. Danach hielten am Ende nur 23 Versuche den sorgfältigen Analysen stand. Bei sechs nahmen die Niederschläge nach „Impfung“ oder „Beschuß“ der Wolken mit Trockeneis zu. Bei zehn weiteren Versuchen hielten sich die Niederschlagsmengen sogar unter dem Normalmaß, und bei den letzten sieben fielen sie indifferent aus; denn je nach Zielgebiet änderten sich bei denselben Wolken auch die Ergebnisse.

Trotzdem ist das Regenmachen nicht alleiniges Privileg des Zauberdoktors bei Naturvölkern. Denn wenn gewisse Voraussetzungen gegeben sind, ist die Wissenschaft durchaus in der Lage, das Wetter hin und wieder nach Wunsch zu manipulieren. So wurde z. B. nachgewiesen, daß die Niederschlagsmenge in den Gebirgen des amerikanischen Westens im Winter durch Trockeneis-Beschuß oder Silberjodid-Impfung der Wolken um zehn Prozent gesteigert werden konnte.

In einem weiteren amerikanischen Versuch wurden Quellwolken mit massiven Eiskernen beschossen – pro Liter Wolke bis zu 1000 Stück. Damit erreichte man eine explosionsartige Vergrößerung der Wolke, und die auf diese Art erzielte Niederschlagsmenge überstieg das normale Maß um das Doppelte bis Dreifache. Was geht nun eigentlich vor sich?

Die durch künstliche Eiskerne freigesetzte Gefrierwärme verstärkt die Auftriebskräfte in den Wolken. Und durch diesen dynamischen Vorgang wird die Kondensierung beeinflußt, die Verflüssigung des Wasserdampfes, aus dem die Wolken bestehen. Es regnet. Dieser „dynamische Impfprozeß“ soll nicht nur auf einzelne Quellwolken beschränkt bleiben, sondern bei ganzen Formationen von Quellwolken angewendet werden, die sich über Hunderte von Quadratkilometern erstrecken.

Das wasserwirtschaftliche Problem der Erde könnte nicht zuletzt durch Methoden dieser Art gelöst werden, sobald sie eine zuverlässige Handhabung garantieren.

Aber die synthetische Wettergestaltung ist nicht nur auf die Erzeugung von Regen beschränkt, sondern Hagel, Sturm und Fröste sollen durch eine gezielte Klimabeeinflussung ausgeschaltet werden. Die Fachleute haben daher auch die Absicht, jede Art von Wetterveränderung über kurz oder lang zu beherrschen, und zwar durch Ausübung einer totalen Kontrolle – vom Mikroklima der Pflanzen bis hin zur Dynamik der um den Erdball zirkulierenden Luftmassen.

Das „gelenkte" Wetter soll zukünftig nicht nur gegen Hagelschlag eingesetzt werden oder Gewitter unterbinden, sondern auch Nebelfelder über wichtigen Gebieten, wie Flugplätzen, auflösen und neben vielen anderen Vorhaben dazu beitragen, die Eisgrenze in den Polargebieten abzubauen.

Wenn auch die Versuche zur Hagelbekämpfung in der Bundesrepublik und in der Schweiz ohne Erfolg abgebrochen wurden, so führten sie doch bei den Sowjetrussen zu ganz beachtlichen Erfolgen. In der Sowjetunion wurden nämlich die warmen Partien der Wolken mit Salzgranaten beschossen. Das heißt: Artilleriegeschosse, die mit Kochsalzlösungen gefüllt waren, wirkten sich auf die in den Wolken vorhandenen Tropfen so aus, daß diese vor der Hagelbildung in Form von Regen zur Erde fielen. In einem anderen Versuch rückten die Sowjets Hagelwolken mit einer Raketenladung Silberjodid oder Blei zu Leibe, die sie in den unterkühlten Bereich der Hagelwolken feuerten. Das bewirkte im Nu die Bildung einer Unmenge von kleinen Eiskristallen, die eine Formierung von Hagelkörnern unterbinden. Vor Anwendung einer der beiden Methoden schicken die Sowjets erst einmal Radiosonden nach oben, um das geeignete Zielgebiet zu erkunden.

Auf diese Weise soll es bereits gelungen sein, bis zu 90 Prozent Schutz vor Hagelschlag zu erzielen. Der umgerechnete Kostenaufwand entspricht etwa drei Mark pro Morgen.

Die vorgesehenen Großprojekte gehen allerdings weit über den Schutz oder die Beeinflussung einzelner Gebiete hinaus. Vorgesehen ist die klimatische Veränderung ganzer Landstriche. Und die ehrgeizigsten Pläne zielen sogar darauf, das Weltklima aus den Angeln zu heben. Nicht etwa zur Befriedigung des Experimentiertriebs einiger Wissenschaftler, sondern um ein weiteres Problem, das die Existenz des Menschen in Frage stellt, zu meistern.

Der Klimaexperte Professor Flohn machte schon vor einiger Zeit darauf aufmerksam, daß „die anhaltende Bevölkerungsexplosion dazu zwingt, vom Stadium der unbeabsichtigten Klimaumwandlung durch immer stärkere Eingriffe in den Naturhaushalt überzugehen in das Stadium einer bis in alle Folgen durchdachten Planung“.

In absehbarer Zeit wird es möglich sein, die Risikofaktoren auch großangelegter Projekte zu kalkulieren, zu denen u. a. direkte Eingriffe in die Natur gehören, z. B. der Bau riesiger Stauseen in den Trockengebieten der Erde und in Sibirien oder auch das Schmelzen des arktischen Eismeeres.

Der namhafte Sowjetgelehrte Professor Budikow hat dazu bereits einen Plan ausgearbeitet. Seiner Meinung nach sind die leichten klimatischen Veränderungen auf die enormen Schwankungen von Dicke und Ausdehnung der arktischen Meereseisdecke in den letzten 1000 Jahren zurückzuführen. Nach sorgfältiger Untersuchung des Wärmehaushalts der Arktis kam Budikow zu der Schlußfolgerung, daß die niedrigen Polartemperaturen vorwiegend auf das hohe Reflexionsvermögen des Eises – die Albedo – zurückzuführen sind. Im Sommer werden 40 Prozent der Sonneneinstrahlung durch das

Eis in den Weltraum reflektiert und im Winter sogar 80 Prozent. Budikow behauptet nun, daß sich – wenn das Eis erst einmal geschmolzen ist – keine neue Eisdecke mehr bilden kann. Denn durch die dadurch erhöhte Wirkung der Sonneneinstrahlung und durch die gleichzeitige Erwärmung von Wasser und Luft werde eine neuerliche Eisbildung unterbunden.

Es wurden verschiedene Methoden in Erwägung gezogen, um das arktische Eis zum Schmelzen zu bringen. Eine davon wäre die Änderung des arktischen Bewölkungssystems durch Impfung der Wolken auf breiter Basis. Eine andere Methode, an der bereits gearbeitet wird, ist die Erwärmung des Eismeeres durch zugeleitetes Wasser aus dem Atlantik.

Dieses Projekt soll durch einen einschneidenden Eingriff in den bestehenden Wärmehaushalt verwirklicht werden. In einem gigantischen Unternehmen will man die flache Beringstraße abdämmen und das arktische Meereswasser in den Pazifik abpumpen. Dadurch würde eine automatische Steigerung des Warmwasserzustroms aus dem atlantischen Golfstrombereich in das Polarbecken erfolgen und seine Eisdecke auf diese Weise schmelzen. Professor Budikow meint, daß das bei einem Gelingen dieses Vorhabens in der Arktis und den angrenzenden Kontinentalgebieten herrschende Klima eine landwirtschaftliche Nutzung zulassen würde.

Aber das ist nicht das einzige Klimaprojekt, das aus der Sowjetunion stammt. Ein nicht weniger großartiges hat sich der russische Ingenieur Davidow ausgedacht. Er plant, die beiden Ströme Jenissej und Ob zu einem gewaltigen, 25 000 Quadratkilometer großen sibirischen Meer aufzustauen. Der Wasserüberschuß soll nach Bewässerung der Turgajsenke in den Aralsee und den Kaspisee geleitet werden.

Dieses Projekt ist nach Ansicht von Professor Flohn prinzipiell durchaus realisierbar, wobei er allerdings eine damit zusammenhängende Verdunstungszunahme im mittelasiatischen Trockengebiet nicht ausschließt und es außerdem für möglich hält, daß in den Randgebieten die Niederschläge im Frühsommer zunehmen. In Zentralasien sieht er für eine positive Klimaveränderung dieser Art keine Schwierigkeiten.

Nun, vorerst bewegen sich die meisten der Klimaprojekte noch nicht im praktischen Bereich und können teilweise erst durch fortgeschrittene Techniken verwirklicht werden. Die Wissenschaft muß unter allen Umständen darauf bedacht sein, daß durch solche Eingriffe in das irdische Klima nicht der ökologische Kreislauf gestört wird. Denn das Resultat könnte eventuell zu katastrophalen Klima-Auswirkungen führen.

Mit welchen klimatischen Veränderungen müssen nun die Wettermacher in der Zukunft fertig werden? Hier scheint ein altes chinesisches Sprichwort zuzutreffen, nach dem es schwer ist zu prophezeien, vor allem die Zukunft!

Zwei Mitarbeiter des amerikanischen Zentrums zur Erforschung der Atmosphäre, William Kellog und Stephen Schneider, sind der Überzeugung, daß wir uns heute in einer Zeit des Klimawechsels befinden, wie aus der Vergangenheit zur Genüge bekannt. Die beiden Klimaforscher glauben ernsthaft daran, daß wir mit wärmeren Zeiten rechnen können. Den gleichen Standpunkt vertritt auch der Klimatologe Wallace Broeker von der New Yorker Columbia-Universität. Seiner Prophezeiung nach sollen die Temperaturen um die Jahrtausendwende höher sein als jemals in den letzten 1000 Jahren.

Aber dem stehen auch Meinungen gegenüber, die das absolute Gegenteil annehmen. Ein Kollege von Broeker, der Klimaexperte Reid Bryson, ist felsenfest davon überzeugt, daß es kälter wird. Hierin stimmt er mit einem Gremium von Geophysikern, Ozeanographen und Umweltexperten überein, die dieses Studienergebnis im Auftrag des amerikanischen Geheimdienstes CIA erarbeitet haben. Danach sinken die Temperaturen auf der ganzen Welt seit 1950 stetig, und vorläufig ist auch noch kein Ende dieser Abkühlungstendenz erkennbar. Wenn es jedoch so weitergeht, werden die Durchschnittstemperaturen um das Jahr 2000 ein Grad weniger betragen als um 1950 herum. Das scheint nicht der Rede wert zu sein, sollte man meinen. Aber weit gefehlt! Dieses eine Grad weniger würde eine entscheidende Klimaveränderung hervorrufen, wie sie vor etwa 500 Jahren die Menschen zu Tausenden umbrachte – die „kleine Eiszeit“.

3-D

Dimensionen, die unser Leben verändern

Wir leben in einer Zeit großer Veränderungen, von denen jeder einzelne von uns betroffen wird. Vor allem sind hier die phantastischen Fortschritte in der Mikroelektrik zu nennen. Die Computer- und Steuerungstechnik ermöglichte Neil Armstrong am 21. Juli 1969 die ersten vorsichtigen Schritte auf dem Mond. Wir verdanken es auch der mikroelektronischen Revolution, daß wir an diesem historischen Ereignis über Fernsehen in unseren Wohnzimmern teilnehmen konnten. Mikroprozessoren, die heute weniger als 100 Mark kosten, sind genauso leistungsfähig wie der erste handelsübliche IBM-Computer, der Anfang der 50er Jahre nicht unter zwei Millionen Mark erhältlich war.

In seinem Buch „Die dritte industrielle Revolution" stellt Dieter Balkhausen in Zusammenhang mit dem mikroelektronischen Zeitalter folgende Prognosen auf:

„Monotone und körperlich ungesunde Arbeit an den Fließbändern und Automaten in den Werken und Büros wird kaum noch verrichtet.

Fernsehen, Rundfunk, Zeitung, Telefon, Haushaltsgeräte sind in den meisten Wohnungen zu einem heimcomputergesteuerten Verbundsystem zusammengefaßt.

Das räumliche (dreidimensionale) Fernsehen ist ebenso Usus wie das räumliche Bildtelefon, das den Gesprächspartner so sichtbar macht, daß man ihn vor sich zu haben glaubt.

Die Schreibmaschine, die mehr als tausend Worte versteht.

Automaten erkennen und verarbeiten die gesprochene Sprache.

Jedermann kann sein Minitelefon in der Westentasche mit sich tragen und von jedem Ort telefonieren. Der Sender steckt in der elektronischen Armbanduhr.

In den Läden werden Maße für Schuhe und Kleidung elektronisch aufgenommen, direkt an die Produktionsstätten weitergeleitet, und dort wird automatisch gefertigt.

Nahezu das gesamte Wissen der Menschen (seit Beginn des Mittelalters) ist in einem Computer von der Größe einer mittleren Universitätsbibliothek gespeichert.

Jedermanns Bild ist in Computern gespeichert und jederzeit und überall abrufbar.

Telegramme und Briefe können von Fernsehgerät zu Fernsehgerät übermittelt werden.

Der Bordcomputer im Auto signalisiert alle Verkehrsgefahren. – Die Zahl der Toten und Verletzten ist drastisch zurückgegangen.

Ferienreisen ins Weltall und in die Tiefe der Meere sind gang und gäbe.

Eine für die meisten Völker verständliche Weltsprache hat ihren Siegeszug angetreten.

In den Büros wird kaum noch Papier verwendet.

Geld wird als direktes Zahlungsmittel immer seltener gebraucht.

In weiten Teilen der heutigen Industrienationen ist die 30-Stunden-Arbeitswoche eingeführt."

Von einer breiten Öffentlichkeit unbeachtet, hat das Zeitalter der mechanischen Hilfsarbeiter – der Roboter – in allen Bereichen der Industrie bereits eingesetzt. Allerdings hat sich bislang nicht die Utopie vom Maschinenmenschen verwirklicht. Aber zum Betriebsalltag gehört inzwischen der Einsatz von Kolonnen elektronisch gesteuerter Geräte, die bestimmte Arbeitsgänge verrichten.

Nach Berechnungen amerikanischer Marktforscher und Computerexperten wird sich der Einsatz von Industrierobotern in den nächsten zwei Jahren verdoppeln, wenn nicht sogar verdreifachen.

Langfristig gesehen, d.h. in 20 bis 30 Jahren, werden Roboter dann bis zu 90 Prozent der industriellen Gesamtproduktion übernehmen. Darüber sind sich internationale Fachleute einig. Insbesondere für Arbeitsvorgänge, die durch nicht qualifizierte Arbeitskräfte ausgeführt werden, könnten zeitweise Industrieroboter eingesetzt werden.

Wenn es gelingen sollte, einen Roboter mit soviel Intelligenz auszustatten, daß er auf seine Umwelt wenigstens in einem überschaubaren Handlungsbereich vernünftig reagiert – also aus einer Vielzahl frei zur Verfügung stehender Alternativen die günstigste auswählt –, würde das von besonderem Vorteil für seinen Einsatz sein.

Während z.B. beim Menschen der Grundsatz von der Erhaltung des Lebens Vorrang besitzt, kann der Roboter ohne moralische Bedenken aufgegeben werden.

Bei allen Weltraum-Expeditionen ist der Roboter dem Menschen allein schon deswegen überlegen, weil er biologisch nicht altert. Denn die Reisezeiten bewegen sich hier auf Größenordnungen zu, die die menschliche Lebensspanne durchaus übersteigen können. Zwar unterliegen auch mechanische und elektronische Maschinen oder Bauelemente einem Verschleiß. Aber er kann leichter kontrolliert werden. Raumflüge könnten auf diese Weise über längere Zeiträume geplant werden, als dies bei der bemannten Raumfahrt möglich ist. Darüber hinaus bringt die Entwicklung von Sensoren, die über die Leistungsfähigkeit menschlicher Sinnesorgane hinausgeht, erhebliche Vorteile mit sich. Solche Roboter könnten z. B. mit Geräten zur Messung radioaktiver Strahlung ausgestattet werden.

Im Zusammenhang mit dem Vormarsch der Roboter gibt jedoch der Futurologe Robert Jungk zu bedenken:

„Während die Roboter früher als mögliche Konkurrenten von den Arbeitern gefürchtet wurden, stoßen sie zur Zeit kaum mehr auf gewerkschaftlichen Widerstand. Der Grund dafür ist unschwer auszumachen: Die Genossen Roboter machen überwiegend Arbeiten, die gefährlich oder gesundheitsschädlich sind.

Man muß sich allerdings die Frage stellen, ob diese friedliche Koexistenz durch Arbeitsteilung unbegrenzt lange andauern wird. Schon jetzt liest man in Wirtschaftszeitschriften und noch häufiger in halbvertraulichen Industrie-Nachrichten, daß zunehmende Wirtschaftlichkeit und Zuverlässigkeit der Roboter die Frage aufwerfen, ob man sie nicht auch für Jobs einsetzen solle, ja müsse, die heute noch von Menschen mit allen ihren Ansprüchen und Anfälligkeiten gehalten werden.

Es ist daher zur Zeit kein müßiges Unterfangen, wieder vor dem Vormarsch der Roboter zu warnen. Er hat mehr Zeit gebraucht, als man ursprünglich annahm. Aber nun ist er eine Realität, die es zu bedenken gilt, ehe es zu spät ist."

Die Mikroelektronik bemächtigt sich beinahe jeder Sparte unseres Lebens. Ohne sie ist weder Telekommunikation, die gesamte Steuerungscomputer-Technik noch das moderne Transportwesen denkbar.

Bei den immer schneller werdenden Transportmitteln zu Lande, zu Wasser und in der Luft können nur noch Computer eine sichere Steuerung und Navigation gewährleisten.

Forscher der Rand Corporation sind mit der Planung eines

„Untergrundbahnsystems“ beschäftigt, mit dem Reisende die Strecke von New York bis Los Angeles in 21 Minuten zurücklegen könnten. Die Waggons dieses Very High Speed Transit (VHST = Höchstgeschwindigkeitstransit) würden in Vakuum-Tunneln tief unter der Erdoberfläche mit einer Geschwindigkeit von rund 22 500 Kilometern pro Stunde dahinrasen.

„Ein solches Rohrfahrzeug wird wie ein stromlinienförmiger Untergrundwagen ohne Räder aussehen und sich auf elektromagnetischen Wellen fortbewegen“, meint Dr. Robert M. Salter, der Leiter der physikalischen Abteilung der Rand Corporation. Durch supraleitende Kabel werden magnetische Gegenfelder produziert, die dafür sorgen, daß das für 100 Personen konstruierte Fahrzeug in der Mitte des Tunnels schwebt. Zur Verringerung der Reibung wird die Luft aus dem Tunnel gepumpt und damit ein Vakuum geschaffen.

Bei der vorgesehenen Untergrundstrecke New York–Los Angeles werden Zwischenstationen in Chicago und Amarilli in Texas eingeplant. Die Gesamtreisezeit von der Ausgangs- bis zur Endstation würde auch mit den kurzen Zwischenaufenthalten nicht länger als 37 Minuten dauern. Zusätzlich sind Nebenlinien – Verbindungstunnel – nach Boston, Denver, San Franzisko und weiteren großen Städten vorgesehen.

Dr. Salter ist der Ansicht, daß sich eine Untergrundstrecke von der Ost- zur Westküste Amerikas schon innerhalb von 30 Jahren amortisiert haben würde. Für den Zentraltunnel dieses Verkehrssystems hat er 90 Milliarden Dollar veranschlagt, glaubt jedoch, daß sich die Kosten durch fortschrittlichere Methoden im Tunnelbau, z. B. durch die Anwendung von Atomenergie oder Laserbohrung, verringern ließen.

Neuland

Aufbruch ins All

Der technische Fortschritt des Menschen läßt sich durch einen Index – den sogenannten Geschwindigkeitsexponenten – berechnen; dieser ergibt sich aus der maximalen Geschwindigkeit des schnellsten Fortbewegungsmittels der jeweiligen Epoche.

Vor etwa 6000 Jahren war das schnellste Transportmittel das Kamel, das damals als Reit-, Last- und Zugtier diente. Es erreicht eine Geschwindigkeit von 13 Kilometern pro Stunde, die später durch das galoppierende Pferd mit über 30 Stundenkilometern übertroffen wurde. Das Pferd blieb für Jahrtausende das schnellste Fortbewegungsmittel. Der vom Pferd gezogene Streitwagen war im Vorderen Orient bereits in der ersten Hälfte des dritten Jahrtausends v. Chr. bekannt, wenn er auch als leichtes zweirädriges Jagd- und Kampfgefährt erst um 1600 v. Chr. Bedeutung erlangte und sich dann über Ägypten, Kleinasien und Griechenland verbreitete.

Die ersten regulären Postkutschen um die Mitte des 17. Jahrhunderts – also etwa 3400 Jahre später – legten dagegen nur 16 Kilometer in der Stunde zurück.

Während die erste brauchbare Dampflokomotive von 1813 – die übrigens ein halbes Jahrhundert in Dienst stand – um 1825 dann bereits stattliche 21 Kilometer pro Stunde schaffte, mußten sich die Segelschiffe jener Zeit noch mit weniger als der halben Geschwindigkeit begnügen. Erst um 1880 brachte es eine weiterentwickelte Dampflokomotive schließlich auf das damals unvorstellbare Tempo von 160 Stundenkilometern. Rund 50 Jahre später war dieser Rekord bereits vervierfacht: 1938 flog ein Flugzeug in der Stunde 640 Kilometer. Und nach etwa der Hälfte dieses Zeitraumes – nach knapp 25 Jahren – wurde dieser Rekord in den 60er Jahren abermals gebrochen. Hochfliegende amerikanische Raketenflugzeuge des Typs X-15 erreichten in 33 Kilometer Höhe die sagenhafte Geschwindigkeit von 7250 Stundenkilometern, während bemannte Gemini-Raumkapseln die Erde mit rund 28 000 Stundenkilometern umkreisten.

Als Orville Wright 1903 auf den Sanddünen in der Nähe des Dorfes Kitty Hawk, im amerikanischen Staat North Carolina, das erste gesteuerte Motorflugzeug der Welt – einen Doppeldecker – startete, weigerten sich die Herausgeber der Tageszeitungen, diese „verrückte Geschichte“ zu drucken.

Als sich nach einigen Wochen die Wahrheit durchgesetzt hatte, wurden die Besserwisser aktiv. Jetzt behaupteten sie nämlich, daß dieses Flugzeug mit Sicherheit keinen Passagier befördern werde, da es wegen des zusätzlichen Gewichts nicht mehr vom Boden abheben könne. Daraufhin modifizierte Orville seine Flugmaschine und nahm seinen Bruder Wilbur mit.

Über diesen Zwei-Mann-Flug verfaßte der Ingenieur Octave Chanute in der amerikanischen Zeitschrift *Popular Science Monthly* einen Artikel, der inzwischen als Sammlerstück gilt. Chanute schreibt darin: „Die Maschine kann in Ausnahmefällen sogar Post befördern, wenn auch die Nutzlast nur sehr klein sein kann. Als Sportmaschinen werden sie wahrscheinlich mit der Zeit ganz bemerkenswerte Geschwindigkeiten erreichen, wenn sie auch nicht für kommerzielle Transportzwecke gedacht sind.“

Diese Ansicht hatte sich in Fachkreisen auch 20 Jahre später noch nicht geändert. So schrieb z. B. der Astronom William Pickering: „Nach landläufiger Vorstellung werden gigantische Flugmaschinen mit zahllosen Passagieren an Bord die Ozeane überqueren. Mit Sicherheit sind derartige Ansichten absolute Phantasterei. Aber selbst wenn eine Flugmaschine mit einem oder gar zwei Passagieren den Ozean überqueren könnte, wäre das für jedermann finanziell unerschwinglich – ausgenommen vielleicht jene, die sich eine eigene Yacht leisten können."

Im Gegensatz zu den „Experten-Gutachten" beförderte die erste DC-6 genau ein halbes Jahrhundert nach dem Flug von Kitty Hawk bis zu 86 Fluggäste.

Natürlich meldete sich auch diesmal die Kritik mit der Behauptung zu Wort, daß die Geschwindigkeitsgrenze für alle Flugzeuge bei 1000 Stundenkilometern liege. In ihren Gleichungen bewiesen gelehrte Professoren, daß es unmöglich sei, diese Geschwindigkeit zu überschreiten. Der US-Luftwaffen-Kapitän „Chuck" Yeager verhielt sich daher nicht nur überaus verwegen, sondern ganz und gar unwissenschaftlich, als er mit seinem Raketenflugzeug „Glamorous Glennis" 1947 die Schallmauer durchbrach.

Die negativen Äußerungen nahmen kein Ende. So griff die *New York Times* 1920 den berühmten Physiker und Raketenpionier Robert H. Goddard wegen seiner Vermutung an, Raketen würden im luftleeren Raum funktionieren: „Er scheint keine Ahnung zu haben, was Schwerkraft ist, auch wenn jeder Gymnasiast Bescheid weiß", mokierte sich der Leitartikler.

49 Jahre später, am gleichen Morgen, als Neil Armstrong in seiner Rakete auf dem Weg zum Mond war, addressierte die *New York Times,* wenn auch verspätet, eine formelle Entschuldigung an den längst verstorbenen Raketenpionier.

Die Geschwindigkeit, mit der neue Errungenschaften und Konzepte in unser Leben treten, ist so groß, daß es für sehr viele Menschen fast unmöglich ist, Schritt zu halten. Auf den meisten Gebieten ist das Wachstum zum beherrschenden Faktor der menschlichen Existenz geworden.

Heute macht der Mensch z. B. die umfassendste und schnellste Urbanisierung seiner gesamten Entwicklungsgeschichte durch. Wenn es auf der Erde noch vor 130 Jahren lediglich vier Großstädte gab, deren Einwohnerzahl eine Million erreichte oder gerade überschritt, so war ihre Anzahl bereits 50 Jahre später, um die Jahrhundertwende, auf 19 angewachsen. Zu Beginn der 60er Jahre existierten dann bereits 141 Millionenstädte.

Nach den Wissenschaftlern Edgar de Vries und J. P. Thysse vom Institut für Sozialwissenschaften in Den Haag vermehrt sich die städtische Weltbevölkerung um jährlich 6,5 Prozent. Das bedeutet, statistisch gesehen, eine Verdoppelung der Stadtbevölkerung innerhalb von elf Jahren.

Um das volle Ausmaß eines solchen Wachstums zu veranschaulichen, sollte man sich einmal vorstellen, daß aus irgendeinem Grund *keine* der Millionenstädte über ihre derzeitige Größe hinaus expandieren könnte. Zur Unterbringung der vielen Millionen Neubürger müßten vielmehr Zwillingsstädte der bereits vorhandenen errichtet werden, z. B. ein zweites Los Angeles, New York, London, Tokio, Rangun, Madrid, Rom, Berlin, Paris, Warschau, Moskau usw. – und das im Zeitraum von elf Jahren!

Parallel dazu zeigt auch der Energieverbrauch der Menschheit eine steil ansteigende Kurve. Dieser Trend wurde einmal durch den 1966 bei einem Flugzeugabsturz tödlich verunglückten indischen Kernphysiker, Dr. Homi Jenhangir Bhabha, folgendermaßen analysiert. „Wenn wir zur Illustration für die aus 33 000 Millionen Tonnen Kohle gewonnene Energie den Buchstaben Q benützen, dann betrug der Gesamtenergieverbrauch in den 1850 Jahren seit Christi Geburt $^1/_2$ Q. Aber seit 1850 stieg der Energieverbrauch pro Jahrhundert auf 1 Q an. Das heißt: Etwa die Hälfte des Gesamtenergieverbrauchs der vergangenen 2000 Jahre entfällt auf die letzten 100 Jahre." Teilt man 50 000 Jahre menschlicher Existenz in Generationen von durchschnittlich 62 Jahren auf, dann hat es bisher rund 800 Generationen gegeben, von denen allein 650 Generationen als Höhlenbewohner gelebt haben. Erst durch die schriftliche Überlieferung während der letzten 70 Generationen wurde eine wirksamere Verständigung von einer Generation zur anderen möglich. Aber der überwiegende Teil der Menschheit wurde erst während der letzten sechs Generationen mit dem geschriebenen oder gedruckten Wort vertraut gemacht. Und noch heute sind rund 44 Prozent der Weltbevölkerung Analphabeten. Die Zeit kann erst seit vier Generationen präzise gemessen werden, und die Verwendung des Elektromotors ist kaum älter als zwei Generationen. Doch die überwiegende Mehrzahl aller technischen Errungenschaften wurde erst jetzt – von der 800. Generation – entwickelt.

In kommenden Jahrzehnten wird die Bevölkerungsexplosion auf einem immer enger werdenden Planeten mit Sicherheit große Schwierigkeiten, wenn nicht katastrophale Folgen auslösen.

An der Zuwachsrate der einzelnen Länder zeigt sich, daß in technisch hochentwickelten Gesellschaften, wie z. B. in Nordamerika, Japan und Europa, durch den Großeinsatz von Energie Stabilität erreicht werden konnte. Zur Aufrechterhaltung des Wohlstandswachstums sind diese Länder allerdings gezwungen, in geradezu besorgniserregendem Maß auf fossile Brennstoffreserven oder Kernkraft zurückzugreifen.

In vergangenen Jahrhunderten waren Seuchen und Kriege für einen gewissen Ausgleich im Bevölkerungswachstum verantwortlich. Heute vermehrt sich die Bevölkerung in armen Ländern mit minimalem technischem Fortschritt – wie in Südamerika, Indien und Afrika – explosionsartig. Also deutet doch alles darauf hin, daß Wohlstand der Schlüssel zur Wachstumsbeschränkung sein muß. Die Länder mit den größten Problemen sind sehr oft außergewöhnlich schlechten klimatischen Bedingungen ausgesetzt oder verfügen nicht über die notwendigen Energiequellen, um ihre Situation durch Industrialisierung zu verbessern. Dennoch müssen auch dort die Voraussetzungen für menschenwürdige Lebensbedingungen geschaffen werden; mindestens sollte sich der Wohlstand in diesen benachteiligten Ländern im gleichen Verhältnis wie die Bevölkerung vermehren – und zwar innerhalb von 18 Jahren.

Professor Gerard K. O'Neill von der amerikanischen Princeton-Universität, Spezialist für Weltraumbesiedlung, hat in diesem Zusammenhang folgende Vorstellungen und Ziele entwickelt:

1. Die Beendigung von Hunger und Armut für alle Menschen.
2. Die Schaffung geeigneten Lebensraumes für eine Weltbevölkerung, die sich – selbst wenn man bei sehr optimistischer Einschätzung eine niedrige Wachstumsrate annimmt – in 40 Jahren verdoppelt und in weiteren 30 Jahren verdreifacht haben wird.
3. Bevölkerungskontrolle ohne Krieg, Hungersnöte oder Diktatur.
4. Individuelle Freiheit mit freier Wahl der gegebenen Möglichkeiten für jedermann.
5. Technischer Fortschritt, jedoch nur dann, wenn Machtkonzentration und Kontrolle verringert, statt verstärkt würden.
6. Verbesserungen haben nur dann Sinn, wenn Städte, Indu-

striebetriebe und andere Einrichtungen soweit reduziert werden, daß Verwaltung und Bürokratie auf diese Weise ihr Übergewicht verlieren und der direkte menschliche Kontakt wieder in den Vordergrund rückt.

7. Unbegrenzte preiswerte Energie für alle Nationen der Erde und nicht nur für diejenigen, die im Besitz fossiler und nuklearer Brennstoffe sind.
8. Die Erschließung neuer Gebiete, um qualitativ besseren Lebensraum zu schaffen, als er der Menschheit jetzt zur Verfügung steht.

Nach Ansicht von Dr. F. N. Spiess, dem Leiter des Marine Physical Laboratory of the Scripps Institution of Oceanography, wird sich der Mensch in den kommenden 50 Jahren in und auf dem Meer nach neuem Lebensraum umsehen. „Er wird die Weltmeere besiedeln, auswerten und sie zur Gewinnung von Mineralien, als Mülldeponien, für Militär- und Ziviltransporte genauso wie zur Erholung mit in die Gesamtnutzfläche der Erde einbeziehen."

Von den zwei Dritteln der Erdoberfläche, die von Ozeanen bedeckt sind, wurden bisher nur fünf Prozent ausreichend kartographisch erfaßt. Von dieser Fläche ist bekannt, daß der Meeresboden reiche Schätze an Erdgas und Erdöl, Kohle, Schwefel, Uran, Kobalt, Zinn, Phosphaten und anderen Mineralien birgt. Zudem ist der Pflanzen- und Fischreichtum bedeutend.

Allein in den Vereinigten Staaten von Amerika laufen sich schon jetzt 600 Industrieunternehmen den Rang ab, um diesen immensen Reichtum ausschöpfen zu können, darunter Giganten wie Standard Oil und Union Carbide. Sie bereiten sich bereits auf den zu erwartenden Konkurrenzkampf vor. Dieses Ringen wird sich natürlich von Jahr zu Jahr verstärken, denn schließlich geht es um den Besitz des Meeresbodens und seiner

Schätze. Im Endeffekt werden natürlich die entsprechenden Auswirkungen auf die menschliche Gesellschaft dann auch kaum ausbleiben. Sollte sich der Abbau der Bodenschätze unter den Ozeanen günstig gestalten, würde sich das Ressourcen-Gleichgewicht unter den Nationen verschieben.

Japan fördert jährlich bereits 10 Millionen Tonnen Kohle aus Unterwasser-Abbau. In Malaysia, Thailand und Indonesien wird auf diese Weise Zinn gefördert.

Die ständig wachsende Abhängigkeit des Menschen von den Nahrungsreserven der Ozeane fällt natürlich besonders ins Gewicht. Denn die Ernährung von Millionen wird sich damit grundlegend ändern. Hier wird eine Umstellung notwendig, die an sich schon mit einer Reihe unbekannter, nicht zu unterschätzender Faktoren verbunden ist. Wie wird z. B. der Energiehaushalt des menschlichen Organismus darauf reagieren? Wird das Wachstum beeinflußt? Die Durchschnittsgröße, das Körpergewicht, die typischen Krankheitsbilder oder die Lebensspanne?

Wie würde eine Gesellschaft, die seit eh und je von der landwirtschaftlichen Nutzung geprägt war, das Überwechseln zu einer Aqua-Kultur psychologisch verkraften? Wenn der Mensch eines Tages die Kolonisation der Meere in Angriff nimmt und vielleicht auch in größere Tiefen vorstößt, werden dann den Pionieren die Siedler folgen und auf dem Meeresboden ganze Städte errichten?

Diese Möglichkeit ist keineswegs weit hergeholt.

Der Wissenschaftler Dr. Walter L. Robb von General Electric hat in einem Experiment einen Hamster unter Wasser am Leben erhalten. Das Tier war in einem mit „künstlichen Kiemen“ – synthetischen Membranen – versehenen Behälter untergebracht, durch die dem Wasser ringsum „Luft“ entnommen wurde, ohne Wasser in den Behälter einzulassen. Die

Membranen waren oben, unten und an den Seiten der Hamsterbehausung angebracht. Ohne die „künstlichen Kiemen“ wäre der Hamster erstickt.

General Electric behauptet, daß es mit Membranen dieser Art zukünftig möglich sein wird, die Besatzungen von Unterwasser-Versuchsstationen mit Atemluft zu versorgen. Aber auch die Wände von Wohnhäusern, Hotels und sonstigen Gebäuden auf dem Meeresgrund könnten derart ausgestattet werden.

Doch die Erschließung der Weltmeere, der Vorstoß in die Tiefe, wird nicht die einzige Möglichkeit bleiben, neuen Lebensraum für die Menschheit zu schaffen. Mit ziemlicher Sicherheit wird es wohl auf dem Mond die ersten außerirdischen Bergwerke geben. Und ohne größere Probleme könnten gewaltige Materialmengen von der Rückseite – der uns abgekehrten Seite – abtransportiert werden. Den wenigsten ist der ungeheure Reichtum des Mondes an Bodenschätzen bekannt. Inzwischen zeigt sich immer deutlicher, wie wertvoll das so oft kritisierte Apollo-Projekt mit seinen Probeentnahmen von Rohstoffen für den Planeten Erde ist. Eine typische Bodenprobe enthält z. B. mehr als 20 Prozent Silicon, über 12 Prozent Aluminium, 4 Prozent Eisen und 3 Prozent Magnesium. Viele Apolloproben enthielten mehr als 6 Prozent Titanium – ein besonders widerstandsfähiges Leichtmetall, das sehr hohe Temperaturen verträgt und sehr gefragt ist. Momentan findet es hauptsächlich beim Flugzeugbau Verwendung.

Sobald die Nutzung des Weltraums erst einmal angefangen hat, wird sich der Mensch innerhalb weniger Jahrzehnte der Erforschung des Asteroidengürtels und seiner Bodenschätze zuwenden. Soweit es sich um den Transport im Weltraum handelt, zählt der Energiebedarf und nicht die Entfernung, denn Weltraumreisen unterliegen nicht den Problemen der irdischen Schwerkraft und Atmosphäre. So wird es relativ einfach sein, Material vom Mond zu künftigen Weltraumsiedlungen zu transportieren. Und die Transportkosten würden etwa ein Zwanzigstel derjenigen von der Erde zu diesen Stationen betragen.

Auf dem Mond gibt es weder Kohlenstoff und Wasserstoff noch Stickstoff. Elemente, ohne die Leben nicht möglich ist. Offenbar war der Mond einmal glühender Hitze ausgesetzt. Aus der Spektralanalyse des von den Asteroiden reflektierten Sonnenlichts hat sich nun aber ergeben, daß einige von ihnen sauerstoff-, stickstoff- und kohlenstoffhaltig sind. Dies könnte für die Petrochemie-Industrie so wichtig sein wie die Erdöl- und Schiefervorkommen auf der Erde. Die Existenz von Kohlenstoff, Sauerstoff und Stickstoff in den Asteroiden konnte durch die Analyse von Meteoriten, den sogenannten Chondriten, nachgewiesen werden.

Die Rohstoffgewinnung auf den Asteroiden dürfte sich im Endeffekt leichter anlassen als der Rohstoffabbau in den Tiefen der Erde. Aber selbst wenn die Möglichkeit bestände, die Rohstoffe der gesamten irdischen Landmassen bis zu einer Tiefe von 800 Metern abzubauen, würde damit nur ein Prozent des Rohmaterials gewonnen, über das die drei größten Asteroiden verfügen.

Die Weltraumbesiedlung ist schon längst keine Utopie – keine Science-fiction mehr. Denn Berechnungen, Konstruktionszeichnungen und Baupläne liegen bereits vor. Schon in einigen Jahrzehnten werden Tausende aus aller Herren Ländern in bis dahin fertiggestellte Weltraumstädte übersiedeln, um eine neue Heimat zu finden. Professor Gerard O'Neill hatte schon in den 60er Jahren die ersten Vorstellungen in Form einer physikalischen Übung entwickelt, die er mit seinen Studenten durchspielte. Als die Berechnungen verwertbare

Resultate brachten, wurde aus einer Idee ein realisierbares Projekt.

Diese Ergebnisse aus fünfjähriger Forschungsarbeit wurden dann 1974 und 1975 in zwei Universitätskonferenzen erörtert und schließlich im Sommer 1975 bei einem Symposium im NASA-Ames-Research Laboratory von einer Reihe von Ingenieuren, Natur- und Sozialwissenschaftlern wochenlang analysiert, diskutiert und schließlich einstimmig als durchführbar klassifiziert. In einer Empfehlung wurde den Vereinigten Staaten nahegelegt, gemeinsam mit anderen Nationen ein Forschungs- und Entwicklungsprojekt ins Leben zu rufen. Damit sollte das Ziel verbunden sein, eine Produktionsstätte für nominell 10 000 Arbeitskräfte in einer Erdumlaufbahn zu konstruieren.

Inzwischen ist das Projekt der Weltraumbesiedlung längst über die Diskussionsphase hinausgediehen und bereits ins Stadium der Verwirklichung eingetreten.

Zum Bau der geplanten Raumsiedlungen müßten bisher ungenutzte, im Weltraum verhältnismäßig leicht zu beschaffende Rohmaterialien verwendet werden, insbesondere vom Mond, denn die Mondoberfläche enthält Sauerstoff, Silizium und Metalle wie Eisen, Aluminium, Titanium und Magnesium.

Da die Schwerkraft des Mondes wesentlich geringer ist als die der Erde, wäre auch der Energieaufwand für die Beförderung von der Mondoberfläche zur geplanten Weltraumsiedlung entsprechend geringer. Die zur Verarbeitung der Mond-Rohstoffe benötigte Energie ist im Überfluß vorhanden: Sonnenenergie. Nach Berechnungen würde ein Kilogramm Endprodukt etwa 100 Dollar kosten. Vergleichsweise wären die Kosten bei der NASA-Raumfähre „Space Shuttle", bei der alles benötigte Material von der Erde in den Erdumlauf befördert werden muß, sechsmal so hoch.

Nach dem derzeitigen Forschungsstand soll das Projekt Weltraumbesiedlung mit einer kleineren Niederlassung starten. Nach Berechnungen des französisch-italienischen Mathematikers und Physikers J. L. Lagrange könnte in der Mondumlaufbahn (am sogenannten L-5 Lagrange-Punkt) eine Station errichtet werden. Dabei taucht das sogenannte Drei-Körper-Problem (Erde-Mond-Satellit) auf. Für den Fall, daß die Masse des dritten Körpers (hier des Satelliten) unverhältnismäßig klein ist, hatte Lagrange schon im Jahre 1772 verschiedene Lösungen ausgearbeitet. Danach gibt es für das Erde-Mond-System fünf sogenannte Lagrange-Punkte (L), wo das Gravitationspotential ausfällt. L 1 befindet sich zwischen beiden Körpern, L 2 und L 3 liegen außerhalb auf deren Verbindungslinien, und L 4 und L 5 bilden schließlich mit den beiden großen Massen (Mond und Erde) jeweils etwa ein Dreieck. Tatsächlich ist das Problem allerdings noch weitaus schwieriger, da es sich im Grunde um ein Vier-Körper-System handelt, berücksichtigt man die Anziehungskraft der Sonne.

Für den Anfang ist eine zusätzliche Siedlung auf dem Mond vorgesehen. Für beide Raumstationen wird der Gesamtausrüstungsbedarf (Vorräte und Unterkünfte) zwischen 15 000 und 50 000 Tonnen liegen. Sie sollen in einigen hundert Transporten von der Erde an ihren jeweiligen Bestimmungsort befördert werden. Bei täglichem Start oder bei einem Start an jedem zweiten Tag wird die Installationsperiode zwei Jahre dauern.

Der nächste Schritt wird mit dem Bau einer Startbahn auf dem Mond für magnetisch getragene und gelenkte Transportschlitten eingeleitet. Ein solcher Schlitten wiegt etwa 10 Pfund, und das zur Beförderung zusammengepreßte Mondoberflächenmaterial ist etwa doppelt so schwer. Nach einer magnetischen Beschleunigung über 10 Kilometer „schleudern" die Schlitten ihre Ladung zum selbständigen Weitertransport in den Weltraum. Dann werden sie abgebremst und kehren für die nächste Ladung zum Startplatz zurück. Das Ganze dauert nicht länger als zweieinhalb Minuten. Diese Transportschlitten können wahrscheinlich zu über 60 Prozent ausgelastet werden und würden damit jährlich bis zu einer Million Tonnen Mond-Rohmaterial in den Weltraum befördern. Angetrieben werden sie wahrscheinlich durch Kernenergie.

Sobald das Rohmaterial im Weltraum an Punkt L 5 angelangt ist, wird es zu den gewünschten Endprodukten, wie z. B. Glas, Metall, Keramiken und flüssigem Sauerstoff, verarbeitet. Die dabei anfallenden Abfallstoffe sollen weiterverarbeitet werden und bei der Herstellung von Schutzschilden gegen kosmische Strahlen Verwendung finden.

Geplant sind weiterhin riesige Zylinder mit Verschlußkappen an den Enden. Sie sind in sechs Regionen unterteilt, die abwechselnd aus Glas und Metall bestehen. Während die letzteren landschaftliche Gebiete mit Bergen, Tälern und Flüssen beherbergen sollen, sorgen an den Glasregionen angebrachte, automatisch regulierte Außenspiegel, die das Sonnenlicht ins Innere reflektieren, für einen „normalen" Tagesablauf. Im Inneren wird ein atmosphärischer Druck wie auf der Erde herrschen. Der Zylinder wird langsam um seine Längsachse rotieren, und mit 1 g Fliehkraft am Zylindermantel werden Schwerkraftverhältnisse simuliert, die denen auf der Erde entsprechen. Professor O'Neill ist der Ansicht, daß mit unseren derzeitigen technischen Voraussetzungen die von ihm entworfene Weltraumsiedlung „Island Three" über eine Gesamtfläche von 800 Quadratkilometern ausgedehnt werden und eine Bevölkerung von mehreren Millionen aufnehmen könnte.

Mit den heutigen Bautechniken und Materialien könnte innerhalb eines Superzylinders eine Landfläche errichtet werden, die etwa halb so groß wäre wie die Schweiz. Anfangs wären Niederlassungen in dieser Größenordnung in jeder Hinsicht unökonomisch. Aber auf die Dauer wird die Menschheit wohl kaum umhin können, Weltraumsiedlungen dieses Umfangs zu errichten, und mit fortschreitender Technologie werden wahrscheinlich noch größere gebaut werden.

Die Energieversorgung einer solchen Weltraumsiedlung wird durch einen großen Parabolspiegel am Ende eines Zylinders garantiert, der Sonnenenergie speichert.

Durch viele kleinere Zylinder, die in der Nähe der größeren zum Zweck der landwirtschaftlichen und industriellen Nutzung errichtet werden, könnte erreicht werden, was auf der Erde unmöglich ist: unabhängige Steuerung der besten klimatischen Bedingungen für Landwirtschaft und Industrieanlagen.

Sir Bernard Lovell, Direktor des großen Radioteleskops in Jodrell Bank, schrieb vor Jahren einmal: „Auf der Suche nach Ressourcen scheinen sich die Interessen des Menschen immer mehr der außerirdischen Umwelt zuzuwenden. Bei den erforderlichen Ausgaben und Anstrengungen werden die globalen Gefahren des Atomkrieges wahrscheinlich zurückgehen.“

Wenn darüber hinaus die Bevölkerungsexplosion nicht gestoppt wird, werden Hunderttausende erkennen, daß nur eine Auswanderung in die O'Neillschen Weltraumsiedlungen oder zu einem anderen Planeten unseres Sonnensystems in Frage kommt. Doch auf den anderen Sonnensystem-Planeten sind die Lebensbedingungen für die Menschen ungeeignet.

Aus diesem Dilemma glaubt Professor Carl Sagan, Direktor des Laboratoriums für planetarische Studien an der amerikanischen Cornell-Universität, einen Ausweg gefunden zu haben. Seinen Ideen zufolge wäre es wahrscheinlich möglich, die feindlichen Umweltbedingungen auf dem Planeten Venus in freundliche umzuwandeln.

Der geheimnisvollste Planet unseres Sonnensystems – Venus – ist in vielerlei Hinsicht eine „Zwillingsschwester“ der Erde.

Die Landmassen der Erde nehmen nur rund 29 Prozent der irdischen Gesamtoberfläche ein. Ohne Meere oder Seen verfügt Venus jedoch über ein Gebiet von fast der vierfachen Größe.

Bevor jedoch eine Massenauswanderung überhaupt in Erwägung gezogen werden kann, müßte eine Anzahl von Problemen gelöst werden. Wahrscheinlich besteht die Venusoberfläche aus unwirtlichen Wüsten und felszerklüftetem Hochland. Bisher hat sie noch niemand zu Gesicht bekommen, und auch durch Radaraufzeichnungen ist sie nur vage bekannt. Die Temperaturen liegen bei wenigstens 450° Celsius. Denn die durch die dichte Stickstoff- und Kohlendioxidatmosphäre eingedrungene Sonnenstrahlung kann nicht entweichen. Durch einen „außer Kontrolle geratenen Treibhauseffekt“, wie es die Astronomen nennen, bei dem die Kohlendioxidatmosphäre die Rolle der Treibhausfenster übernimmt und damit die Hitze zwar einläßt, aber am Wiederaustritt hindert, sind die Temperaturen ständig gestiegen. Da Sagan der festen Überzeugung ist, daß sich der Mensch früher oder später nach einem „Auswanderungsziel“ – vorerst wohl in unserem eigenen Sonnensystem – umschauen muß, hat er sich mit der Möglichkeit befaßt, die lebensfeindlichen Bedingungen auf der Venus günstig zu verändern. Und das ist seiner Ansicht nach durchaus machbar.

Ein Treibhaus außer Betrieb zu setzen ist nicht schwer. Man muß nur die Scheiben einschlagen. Die Wärme kann dadurch entweichen und die Luft frei zirkulieren.

Der Astronom und Biologe Sagan will nun zur Zertrümmerung der Kohlendioxidatmosphäre von Venus kein drastisches, gewaltsames Mittel einsetzen, wie z. B. eine Bombe oder Laserstrahlen. Er denkt vielmehr an die einfache Blaugrünalge, von der angenommen wird, daß sie auch die ursprünglich giftige Atmosphäre der Erde in ihre jetzige sauerstoffreiche umgewandelt hat. Die bemerkenswerteste Eigenschaft dieser Algenart besteht in ihrer Fähigkeit, in scheinbar lebensfeindlicher Umwelt existieren zu können. Sie wurde z. B. in den Treibstofftanks von Düsenflugzeugen entdeckt, wo sie sich – ungeachtet der extremsten Temperatur- und Druckunterschiede – vermehrte und von Kerosin ernährte. Genauso gedeiht sie bei 80 Grad Kälte in der Arktis oder in 200 Grad heißen Quellen. Eine Spezies lebt sogar im Kühlwasser, das in Kernreaktoren zirkuliert.

Sagan hat vorgeschlagen, eine besonders unempfindliche Algenart zu züchten, die für Monate oder Jahre unter den im Labor simulierten lebensfeindlichen Bedingungen der Venusatmosphäre kultiviert werden soll. Spezialkapseln mit ganzen Kolonien dieser Algenart sollen dann in der „Nase" kleiner Raketen untergebracht werden. Eine Flotte von Raumschiffen hätte dann die Aufgabe, Venus kreuz und quer im Orbit zu umfliegen und dabei alle 90 Sekunden – also etwa alle 800 Kilometer eine Rakete in die Kohlendioxidatmosphäre von Venus abzufeuern. Die Raketennase mit der Algenkapsel wird durch ein paar Gramm TNT abgesprengt, sobald diese in die Wolkenhülle eingedrungen ist. „Damit sind die Algen freigesetzt und können ihre Arbeit verrichten. Genau wie vor mehr als drei Milliarden Jahren ihre Vorläufer auf der Erde", sagt Sagan.

Während sie in der Venusatmosphäre dahintreiben und sich vermehren, wandeln sie das Kohlendioxid in freien Sauerstoff um. Mit zunehmender Vermehrung der Algen beschleunigt sich dieser Prozeß. Und damit wäre das wohl schwierigste Stadium erreicht: Denn wenn die Daten, die die amerikanischen und russischen Raumsonden zur Erde gesendet haben, tatsächlich stimmen, dann hat die Venusatmosphäre einen Wasserdampfanteil von wenigstens 0,4 Prozent. Damit sind die wichtigsten Voraussetzungen für die chemischen Reaktionen und die Photosynthese gegeben. Denn aus Kohlendioxid, Wasser und Licht entstehen freier Sauerstoff und Kohlenhydrate. Aus letzteren – sozusagen eine Kombination von Kohlenstoff und Wasser – entstehen dann Verbindungen, die sich auf der Planetenoberfläche zu pflanzlichem Leben formen. Mit der Ablösung des Kohlendioxids durch Sauerstoff setzt eine erhebliche Abkühlung der Atmosphäre ein. Das in den Wolken kondensierte Wasser führt zu Niederschlägen.

Sagan vermutet, daß der erste Regen wegen der hohen Temperaturen die Venusoberfläche nicht erreicht, sondern verdunstet und als Dampf wieder in die Atmosphäre aufsteigt. Dennoch wird der Aufeinanderprall von extremer Hitze und kaltem Wasser schließlich eine Abkühlung der Bodentemperaturen bewirken. Inzwischen schreiten in der Atmosphäre der Prozeß der Photosynthese und die beschleunigte Umwandlung von Kohlendioxid in Sauerstoff fort. Der Regen kommt der Oberfläche allmählich immer näher, und jeder Niederschlag ist mit neuer Abkühlung verbunden, wobei sich der Kohlendioxidabbau beschleunigt. Wenn die Bodentemperatur dann etwa 200 Grad beträgt, setzen Unwetter ein. Sturzbäche prasseln auf den ausgedörrten Boden, verwandeln seit Äonen existierende Wüsten in schlammige Seen und reißende Ströme und versikkern schließlich im Boden, um Millionen unterirdischer Wasserläufe zu formen. Damit ist die notwendige Bodenfeuchtigkeit für die Aufnahme komplexer Verbindungen – Bausteine des Lebens – gesichert. Dieser letzte große Regen verursacht auf der heißen Planetenoberfläche einen nochmaligen Temperatursturz, bis auf vielleicht 70 oder 80° Celsius. Nachfolgende Niederschläge reißen die hitzeundurchlässige Wolkendecke teilweise auf. So entsteht langsam neben einer sauerstoffreichen Atmosphäre eine Temperatur, die für widerstandsfähige irdische Pflanzen und Tiere erträglich ist. Wenn dann die Sonne zum ersten Mal von der Oberfläche der Venus zu sehen ist, vollzieht sich ein weiterer Schritt: Das Licht der Sonne verbindet sich mit der neuen Atmosphäre, und aus dieser Verbindung entsteht in der Stratosphäre eine Ozonschicht, die die gefährlichen ultravioletten Strahlen der Sonne absorbiert.

Dieser ganze Prozeß würde nach Sagan keinen größeren Kostenaufwand erfordern; etwa ein Dutzend Raumschiffe mit einigen 100 Algenraketen würden völlig ausreichen. Und damit hätte die Erde eine Ausweichwelt mit all ihren natürlichen Reichtümern. Nach Professor Sagan kann dieser ganze Prozeß innerhalb von wenigen Jahren abgewickelt werden.

1985 soll nun ein Venus-Satellit der NASA – genannt VOIR (Venus-Orbiting-Imaging-Radar) – Aufnahmen der gesamten Venusoberfläche zur Erde senden. Er wird aus einer polnahen, rund 300 Kilometer hohen Umlaufbahn die Oberfläche der Venus radarkartographisch erfassen. Weitere Messungen durch VOIR sollen zur Klärung der fundamentalen atmosphärischen Probleme des Planeten und seiner Geophysik beitragen. Mit diesem Projekt soll die bisher umfangreichste wissenschaftliche Erkundung der Planetenoberfläche durchgeführt werden. Denn eine optische Beobachtung von der Erde aus oder von einer im Orbit des Planeten befindlichen Raumsonde ist durch die dichte Wolkenhülle der Venus ausgeschlossen. Die Startmasse des Satelliten soll laut NASA-Planung etwa fünf Tonnen betragen. Sein Start zur Venus wird von Bord der 1981 erstmals gestarteten Raumfähre (Space Shuttle) »Columbia« aus einem Erdorbit heraus erfolgen. Wahrscheinlich wird VOIR im Dezember 1984 auf die Reise gehen. Dann könnte er im Mai 1985 in der Nähe von Venus sein und durch ein

Bremsmanöver in eine elliptische Venus-Umlaufbahn einschwenken. Dort soll er erst einmal zwei Monate bleiben. Wenn VOIR dann im Juni oder Juli 1985 die endgültige Venus-Umlaufbahn bezogen hat, kann mit der Radarabtastung der Planetenoberfläche und allen weiteren wissenschaftlichen Untersuchungen begonnen werden. Sie sollen wenigstens fünf Monate dauern.

Für die Radarkartierung ist an Bord ein sogenanntes Synthetic-Aperture-Radar vorgesehen. Mit diesem Instrument soll fast die gesamte Oberfläche des Planeten kartographisch erfaßt werden. Der NASA-Wissenschaftler Noel W. Hinners ist der Ansicht, daß mit dem Projekt VOIR ein enormer Fortschritt in der Erforschung der Planeten unseres Sonnensystems erreicht wird.

Raumzeit

Sitz im kosmischen Parlament

Mit Sonnenuntergang setzten sich Frost und Lahn an das neu entfachte Feuer. Schon schimmerten die ersten blassen Sterne.

„Der Mensch hat sich entwickelt“, sagte Lahn, „weil die Umstände und Bedingungen auf unserem Planeten die Entstehung einfacher Lebensformen gestatteten.

Sie nahmen in Myriaden Daseinsformen innerhalb der irdischen Biosphäre in Reaktion auf die sich ständig verändernde Umwelt Gestalt an. Viele waren der Herausforderung nicht gewachsen. Aber der Homo sapiens gehörte zu den Überlebenden und war wohl als einziger in der Lage, Betrachtungen über sein ‚Woher‘ und ‚Wohin‘ anzustellen.

Die Menschheitsgeschichte war ein einziger Expansionsprozeß. Um die Bedrohung durch die Umwelt zu verringern, hat der Mensch seine körperlichen und geistigen Fähigkeiten voll eingesetzt.“

„Aber leider war alles umsonst“, antwortete Frost lakonisch. „Viele Gefahren und Probleme wurden vom Menschen nicht reduziert, sondern produziert. Natürlich gibt es auch soziale Gründe, die einfach als logische Entwicklung aus der Industriellen Revolution entstanden sind.

Das Ergebnis war eine politisch und sozial instabile, chaotische, eine ökonomisch in zwei Hauptgruppen aufgeteilte Welt, von der etwa ein Drittel in relativem Wohlstand in den Industriestaaten lebte, während die anderen zwei Drittel ihr

Dasein ohne Chance auf Befreiung aus Armut und Unwissenheit verbringen mußten..

Ich frage mich, welche Möglichkeiten denn diese Zivilisation mit ihren knapp 4 Milliarden Menschen hatte, ihre Zukunft zu planen?

Wie hätte sie dieser Bedrohung entgehen können, um *die* Zukunft zu realisieren, die *Sie* geschildert haben? Eine Welt, in der die Menschheit den Wissenschaften der Zerstörung absoluten Vorrang vor denen des Lebens gab?"

„Das kann ich Ihnen beantworten", fiel Lahn ein.

„Eine wirklich unabhängige Organisation fähiger Wissenschaftler wäre nötig gewesen, die sich ausschließlich der Speicherung, Koordinierung und Vermittlung wissenschaftlicher Erkenntnisse auf allen Gebieten gewidmet hätte. Es wäre notwendig gewesen, dieser Gruppe die Möglichkeit einzuräumen, ohne Rücksicht auf nationalen oder internationalen Druck, frei und unabhängig ihrer Überzeugung Ausdruck zu geben. Eine solche Organisation hätte die Wissenschaften widerspiegeln und richtungsweisend wirken können. Damit wäre ein globales wissenschaftliches Nervensystem geschaffen worden, wie es der amerikanische Futurologe Still – Sie erinnern sich sicher daran – einmal gefordert hatte. Damit wäre dann die technische Entwicklung so unter Kontrolle gewesen, daß sie statt der Zerstörung des Menschen seinem Nutzen gedient hätte."

„Na schön. Angenommen, es wäre geglückt, wo wäre dann aber der Sinn, das langfristige Ziel einer solchen hochentwikkelten Zivilisation?" unterbrach Frost.

„Natürlich vor allem in der Kunst des Überlebens", sagte Lahn ungeduldig. „Eine solche Zivilisation könnte den Weg zu neuen, atemberaubenden Welten einschlagen – vielleicht sogar mit der Aussicht auf Kontaktaufnahme mit außerirdischen

Zivilisationen. Und damit hätte der Mensch den wohl bedeutendsten Schritt in seiner Evolution vollzogen."

„Woher wollen Sie wissen, daß außerirdisches Leben überhaupt existiert?" Skeptisch sah Frost zum Nachthimmel auf.

„Da gibt es für mich überhaupt keinen Zweifel. Zivilisationen, die noch in Höhlen hausen, existieren sicher genauso wie solche, die sich mit ähnlichen Problemen, wie wir sie hatten, herumschlagen müssen. Aber sicherlich auch andere, die uns in jeder Beziehung um Tausende, wenn nicht Millionen von Jahren überlegen sind. Nennen wir sie Supermenschen, die ihre Entwicklung erfolgreich gemeistert haben." Lahn redete sich in Begeisterung.

„Da oben ist die Vergangenheit, der Anfang – aber auch die Zukunft, die auf uns wartet. Kopernikus hat schon vor mehr als 400 Jahren diesen Ausblick eingeleitet, als er feststellte, daß die Erde nicht ein einmaliger, fester Mittelpunkt des Universums ist, sondern ein ganz gewöhnlicher Planet, der mit anderen um seine Sonne kreist. Und der Dominikanermönch Giordano Bruno hat sich für seine Überzeugung, es gäbe unendlich viele Sonnensysteme, sogar auf dem Scheiterhaufen verbrennen lassen.

Wahrscheinlich hätte die Menschheit Mitglied einer galaktischen Konföderation werden und der Mensch vom Erfahrungsaustausch mit den Nachbarsozietäten seiner Galaxis profitieren können. Ein kosmisches Bewußtsein wäre erwacht."

„Aber für eine Kontaktaufnahme mit außerirdischen Zivilisationen oder gar interstellaren Reisen zu anderen Sonnensystemen sind doch die Entfernungen viel zu groß", widersprach Frost.

„Zugegeben, daß wir mit der uns zur Verfügung stehenden Technologie dazu nicht in der Lage waren. Aber unter fortschrittlicheren technischen Voraussetzungen wären solche, für uns noch unvorstellbare Entfernungen wahrscheinlich bewältigt worden. Vielleicht mit Raumschiffen, die durch Kernfusion, Antimaterie, elektromagnetische oder unter Umständen vielleicht sogar durch Elektro-Gravitationsantriebe operieren und beinahe Lichtgeschwindigkeit erreichen. Außerdem wäre denkbar, daß solche Raumschiffe interstellare Wasserstoffatome als Treibstoff benutzen. Es gibt ja genügend davon im interstellaren Raum. Andererseits existieren vielleicht auch Abkürzungen im Universum, wie der amerikanische Physiker J. A. Wheeler von der Princeton-Universität einmal vermutet hat. Seinem Modell zufolge gleicht der Kosmos einem Kranz, auf dessen Oberfläche sich alle Himmelskörper befinden. Das Kranzloch stellt dagegen ein anderes, zeitloses Universum dar – den Superraum. Nach Wheeler liegen beide Universen Seite an Seite. Aber im Gegensatz zu unserem gibt es im Wheelerschen Superraum weder Zeit noch Geschwindigkeit. Dort existiert weder Gestern, Heute oder Morgen. Es gibt kein Vorher und auch kein Nachher.

Sollte Wheeler mit seinem Modell recht gehabt haben, könnte der Superraum ohne weiteres eine Abkürzung zu anderen Sonnensystemen bedeuten. Und es wäre auf diese Weise möglich, mit Überlichtgeschwindigkeit von einem Teil unseres Universums zu einem anderen zu reisen.

Raumschiffe könnten diesen Superraum durchqueren, um ohne Zeitverlust in einem anderen Sonnensystem wieder aufzutauchen und in die gewohnte Raum/Zeit-Dimension zurückzukehren.

Damit stünde dann die Frage nach den Eingängen zu diesem Superraum zur Debatte: Ein Hinweis darauf könnten die sogenannten Schwarzen Löcher – black holes – sein."

„Glauben Sie denn allen Ernstes, daß die Lichtgeschwindigkeit überschritten werden könnte?" fragte Frost.

„Ja, das glaube ich schon.“ Lahn nickte. „Denn der Superraum würde ja aus dem Dilemma, das Albert Einstein mit seiner Speziellen Relativitätstheorie aufzeigte – daß nämlich ein Masse-Objekt nicht bis zur bzw. über die Lichtgeschwindigkeit hinaus beschleunigt werden kann –, einen Ausweg bedeuten. In Einsteins relativistischer Welt sind beide Begriffe, Zeit und Entfernung, gleichermaßen unzuverlässig und unbeständig, da sie von der relativen Bewegung der Beobachter abhängig sind. Das einzig Absolute, was uns Einstein gelassen hat, ist die Lichtgeschwindigkeit.“

„Nicht nur das“, sagte Frost. „Er hat uns auch seine berühmte Formel $E = m \cdot c^2$, Energie und Masse sind äquivalent, hinterlassen.“

„Ja, leider“, sagte Lahn betreten. „Schließlich sind wir die einzigen, die diese Formel überlebt haben.“

„Wissen Sie, Professor, das größte Hindernis auf dem Weg zum Supermenschen war immer und wird wahrscheinlich überall die Tatsache bleiben, daß sich für jeden nur denkbaren Irrweg früher oder später eine politische Macht finden wird, die ihn einschlägt.“

Literaturverzeichnis und Quellennachweis

Abelson, J. In: *Science* 196, 1977, S. 159 ff.

Adelson, M.: *The Technology of the Forecasting and the Forecasting of Technology. Report SP 3151-000-01.* St. Monica/Cal. 1968 (System Development Corporation)

Adelson, M.: *Towards a Future for Planning. Report SP 2022.* St. Monica/Cal. 1966 (System Development Corporation)

Alfven, H.: „Antimatter and Cosmology". In: *Scientific American* 216. April 1976: 106

Amery, C.: *Natur als Politik.* Reinbek bei Hamburg 1976

Andres, U.: *Archimedes' Principle and Electromagnetic Fields.* Haifa o. J. (Israel Institute of Technology)

Anshen, M./Bach, G. L.: *Management and Corporations 1985.* New York 1960

Arehart-Treichel, J.: „Test-Tube Babies in the Making". In: *Science News,* 24. Februar 1973

Arehart-Treichel, J.: „Organ-Transplants: What Hope for Patients?" In: *Science News,* 16. November 1974

Arehart-Treichel, J.: „Nerve Regeneration". In: *Science News,* 17. Juli 1976

Arnold-Forster, M.: *The World at War.* London 1976

Ashkin, A.: „The Pressure of Laser Light". In: *Scientific American,* Februar 1972

Asimov, I.: *Die schwarzen Löcher.* Köln 1979

Aspin, L.: „Läßt sich die Einhaltung des SALT-II-Vertrages überwachen?" In: *Spektrum der Wissenschaft,* Januar 1979

„Astronomie: Ein neues Drehbuch des Kosmos". In: *Der Spiegel* 52, 1978

„Auf Knopfdruck schmerzfrei". In: *Der Spiegel* 33, 1975

Baade, F.: *The Race to the Year 2000.* New York 1962

Balkhausen, D.: *Die dritte industrielle Revolution.* Düsseldorf–Wien 1978

Barnett, A.: *The Human Species.* Harmondsworth 1961

Beckwith, J. In: Koch, E. R./Kessler, W., *Menschen nach Maß.* Reinbek bei Hamburg 1976

Beier, W.: *Biophysikalische Aspekte des Alterns multizellulärer Systeme.* Band 16, Leipzig 1973

Bellamy, D. In: *Exp. Gerontol.* 3, 1968, S. 327

Benjamin, H.: *The Transsexual Phenomenon.* New York 1966

Berdyshev, G./Vasilets, V.: *Genetic Aspects of Specific Life Span Prolongation.* Kiew 1975 (Faculty of Biology, Kiew State University)

Bergmann, P. G.: *The Riddle of Gravitation.* London 1968

Biedermann, H.: *Medicina Magica.* Graz 1972
Bjorksten, J.: „Aging, Primary Mechanism“. In: *Gerontologia,* 1963
Bjorksten, J.: *Studies on Aging – Thirteen-Years Report 1952–1965.* Madison (Bjorksten Research Foundation)
Bjorksten, J.: „The Crosslinkage Theory of Aging“. In: *Finska Kemists Medd.,* 1971
Bjorksten, J./Ashman, St.: „Nitrogenous Compounds Immobilized in an Aged Rat“. In: *Journal of the American Geriatrics Society,* 1970
Bjorksten, J./Collbring, Th.: „A Chemical Model of Ultraviolet Radiation Effects on Skin Collagen“. In: *Proceeding of the Scientific Section of the Toilet Goods,* 1964
Bjorksten, J. u. a.: „Anhydrous Hydrogen Fluoride as a Tool in Studying Crosslinkages in Proteinaceons Substances Accumulating with Age“. In: *Finska Kemists Medd.,* 1962
Bjorksten, J. u. a.: *Observations on Age Pigments in the Hearts of Stillborn Babies.* Madison 1962 (Bjorksten Research Foundation)
Bjorksten, J. u. a.: „A Cold-Labil Hemoglobin Complex“. In: *Cryobiology,* 1965
Bjorksten, J. u. a.: „Study of Low Molecular Weight Proteolytic Enzymes“. In: *Finska Kemists Medd.,* 1971
Bjorksten, J. u. a.: „Enzymatic Lysis in Vitro of Hyalin Deposits in Human Kidney“. In: *Journal of the American Geriatric Society,* 1972
Blumenthal, H. T.: *The Regulatory Role of the Nervous System in Aging.* Basel 1970
Böhlau, V.: *Wege zur Erforschung des Alterns.* Darmstadt 1973
Bondi, H.: *Relativity and Common Sense.* London 1965
Bondi, H.: *Cosmology.* London 1961
Bowers, R./Frey, J.: „Technology Assessment and Micro Wave Diodes“. In: *Scientific American,* Februar 1972
Bracewell, R. N.: *The Galactic Club.* Stanford/Cal., 1974
Braunbek, W.: *Die unheimliche Wachstumsformel.* München 1973
Bronowski, J.: *Der Aufstieg des Menschen.* Berlin 1976
v. Buttlar, J.: *Schneller als das Licht.* Düsseldorf–Wien 1972
v. Buttlar, J.: *Reisen in die Ewigkeit.* Düsseldorf–Wien 1973
v. Buttlar, J.: *Der Menschheitstraum.* Düsseldorf–Wien 1975
v. Buttlar, J.: *Zeitsprung.* München 1977
v. Buttlar, J.: *Das Ufo-Phänomen.* München 1978

Calder, N.: *Technopolis.* Harmondsworth 1970
Calder, R.: *Man and the Cosmos.* Harmondsworth 1970
Campbell, C.: „The Manchild Pill“. In: *Psychology Today,* August 1976
Chapman, P.: „The Ins and Outs of Nuclear Power“. In: *New Scientist* 19, Dezember 1974
Charon, J.: *Cosmology.* London 1970
Chebotarev, D.: „Longevous People“. In: *Gerontology and Geriatrics, Yearbook* 1972
Cherry, W. R.: „Harnessing Solar Energy: The Potential“. In: *Aeronautics and Astronautics,* August 1973
Cipolla, C. M.: *Cristofano and the Plague.* London 1973
Clarke, A. C.: *Profiles of the Future.* New York 1958
v. Clausewitz, C.: *Vom Kriege.* Reinbek bei Hamburg 1963
Clerke, A. M.: *The Concise Knowledge of Astronomy.* London 1898
Cohen, St. N.: „The Manipulation of Genes“. In: *Scientific American,* Juli 1975
Cohen, St. N.: „The Gene Transplanters“. In: *Newsweek,* 17. Juli 1974
Comfort, A.: *Aging: The Biology of Senescence.* New York 1964

Comfort, A.: *The Anxiety-Makers.* St. Albans 1968
Comfort, A.: „Die biologische Grundlage des Alterns". In: Sonderdruck aus *Zeitschrift für Altersforschung,* 1969
„Computer als Richter und Arzt". In: *Der Spiegel* 17, 1979
Cooper, H. S. F.: *A House in Space.* New York 1976
Cramp, A. J.: „Nostrums and Quackery and Pseudomedicine". In: *American Medical Association Chicago* 3, 1936
Creech, Dr. O.: „The Shape of Medicine in 1990". In: *Med. World News,* 25. Nov. 1966
Crow, J. F.: „Gene, die nicht den Mendelschen Gesetzen gehorchen". In: *Spektrum der Wissenschaft,* April 1979
Cudmore, L.: *Der Stoff des Lebens.* Frankfurt/M. 1978

Davis, H.: *Proceedings.* (Princeton University Conference on Space Manufacturing Facilities, Paper 1–6, American Institute of Aeronautics and Astronautics – AIAA) New York 1975
Dawkins, R.: *Das egoistische Gen.* Berlin–Heidelberg 1978
Delgado, J. M. R.: *Physical Control of the Mind: Toward a Psychocivilized Society.* New York 1971
De Solla Price, D. J.: *Science Since Babylon.* New Haven 1961
De Solla Price, D. J.: *Little Science, Big Science.* New York 1963
v. Ditfurth, H. (Hg.): *Evolution.* Hamburg 1975
Dole, S.: *Habitable Planets for Man.* St. Monica/Cal. 1964
Drake, F. D.: „Project Ozma". In: *Physics Today* 14, 1961, S. 140
Drake, W. R.: *Gods and Spacemen in The Ancient West.* London 1974
Dublin, L. I.: *Length of Life.* New York 1949
Dubos, R.: *Der entfesselte Fortschritt.* Bergisch-Gladbach 1970
Duffus, R. L.: *Tomorrow's News.* New York 1967
Dunne, J. S.: *The City of the Gods.* London 1974

Edey, M. A.: *Vom Menschenaffen zum Menschen.* Reinbek bei Hamburg 1977
Edwards, R. G.: „Fertilization of Human Eggs in Vitro: Morals, Ethics and the Law". In: *Quarterly Review of Biology,* März 1974
Ehricke, K. A.: *Space Stations – Tools of New Growth in an Open World.* Amsterdam-/München 1974 (XXV. Intern. Astronautical Congress)
Eibl-Eibesfeld, I.: *Krieg und Frieden.* München 1975
Einstein, A.: *The Principle of Relativity.* London 1923
Ettinger, R. C. W.: *The Prospect of Immortality.* New York 1964
Etzioni, A.: *Genetic Fix.* New York 1973

Feinberg, G.: *Projekt Prometheus.* Olten–Freiburg 1970
Ferguson, M.: *The Brain Revolution.* New York 1973
Fisher, J. C.: *Energy Crises in Perspective.* New York 1973
Flannery, K. V. In: Ucko, P. Y./Dimbleby, G. W., *The Domestication and Exploitation of Planets and Animals.* Chicago 1969
Fleming, H. W.: *Weltmacht Wasser.* Göttingen 1967
Forbes, R. J./Dijksterhuis, E. J.: *A History of Science and Technology.* Harmondsworth 1963
Foss, B. M. (Hg.): *New Horizons in Psychology.* Harmondsworth 1966

Fowler, W. A./Hoyle, F.: *Nucleosynthesis in Massive Stars and Supernovae.* Chicago–London 1964

Franck, D.: „Gibt es wirklich keinen Aggressionstrieb?" In: *Umschau in Wissenschaft und Technik* 10, 1976

Frolkis, V. V.: „Aging of a Cell". In: *Gerontology and Geriatrics, Yearbook* 1970/71 (Institute of Gerontology, USSR, Med. Sci. All-Union, Society of Gerontologists and Geriatricians)

Fromm, E.: *Anatomie der menschlichen Destruktivität.* Stuttgart 1974

Fromm, E.: *Haben oder Sein.* Stuttgart 1977

Gabor, D.: *Inventing the Future.* New York 1969

Gaitz, Ch. M.: *Aging and the Brain.* New York–London 1972

Galpin, L.: *The Search for Youth.* London 1968

Garaudy, R.: *The Alternative Future.* Harmondsworth 1976

Garner, J. W.: „Matter as Curved Space-Time". In: *New Scientist,* November 1969

Gershon, H./Gershon, D.: „Detection of Inactive Enzyme Molecules in Aging Organisms". In: *Nature* 227, 1970, S. 1214–17

Gibson, T.: *Breaking in the Future.* London 1965

Gilgamesch Epos. Stuttgart o. J.

Gorenstien, P./Tucker, W.: „Supernova Remnants". In: *Scientific American* 225, 1971, S. 74

Goulet, L. R./Baltes, P. B.: *Life Span Developmental Psychology.*

Grantham, A. E.: *Hills of Blue.* London 1927

Green, C.: *The Decline and Fall of Science.* London 1976

Gruhl, H.: *Ein Planet wird geplündert.* Frankfurt/M. 1978

Gruman, J. G.: „A History of Ideas about the Prolongation of Life". In: *Transactions of the American Philosophical Society,* Dezember 1966

Hackett, Sir J.: *Der dritte Weltkrieg.* München 1978

Hafemeister, D.: „Science and Society Test for Scientists: The Energy Crisis". In: *American Journal of Physics,* August 1974

Hahn, H. P.: „Structural and Functional Changes in Nucleoprotein During the Aging of the Cell". In: Gerontologist 16, 1970, S. 116–28

Hahn, H. P./Verzar, F. In: *Gerontologia* 7, 1963, S. 105

Harmann, D.: „Prolongation of Life: Role of Free Radical Reactions in Aging". In: *Journal of the American Geriatrics Society,* August 1969

Harmann, D.: „Free Radical Theory of Aging: Effect of the Amount and Degree of Unsaturation of Dietary Fat on Mortality Rate". In: *Journal of Gerontology* 26, 4, 1971

Harmann, D.: „Mutation, Cancer and Aging". In: *The Lancet,* 28. Januar 1961

Harmann, D.: *Chromatin Template Capacity: Effect of Oxygen* (Rede vor der Geront. Gesellschaft in St. Petersburg/Florida, 1967)

Harmann, D.: „Free Radical Theory of Aging". In: *Triangle* 12, 4, 1973

Harmann, D.: *Free Radical Theory of Aging: Effect of Vitamin „E" on Tumor Incidence.* Lincoln 1972

Harmann, D.: *Free Radical Theory of Aging: Effect of Adding Antioxidants to the Maternal Diet in Life Span of Offsprings.* Omaha 1974

Harmann, D.: „The Biologic Clock: The Mitochondria?" In: *Journal of the American Geriatrics Society,* April 1972

Harrison, B. J./Holliday, R.: „Senescence and the Fidelity of Protein Synthesis in Drosophila“. In: *Nature* 213, 1967, S. 990–92
Hawking, S. W./Ellis, G. F. R.: *The Large Scale Structure of Space Time.* Cambridge 1973
Hayflick, L.: „The Limited in Vitro Lifetime of Human Diploid Cell Strains“. In: *Exp. Cell Res.* 37, 1965, S. 614–36
Heidegger, M.: *An Introduction to Metaphysics.* New York 1961
Heilbroner, R.: *The Future as History.* New York 1959
Heimendahl, E.: *Zukunft im Kreuzverhör.* Gütersloh 1970
Hennis, W.: „Ende der Politik?“ In: *Merkur* 6, 1979
v. Hentig, H.: *Über den Zusammenhang von kosmischen, biologischen und sozialen Krisen.* Stuttgart 1968
Herbig, J.: *Die Gen-Ingenieure.* München 1978
Herbig, J.: *Das Ende der bürgerlichen Vernunft.* München 1974
Herrmann, A.: „Deutschlands Weg in das Atomzeitalter. Nutzung ja – Bewaffnung nein“. In: *Bild der Wissenschaft,* März 1976
Higgins, R.: *Der siebente Feind.* Wien–Hamburg 1979
Hochschild, R.: *Effects of DMAE on Depression, on in Vitro Cell Survival and on Animal Life Span.* Corona del Mar/Cal. 1975
Hochschild, R.: *Effects of DMAE on the Life Span of Senile Male A/J Mice.* Oxford 1973
Hochschild, R.: *Effect of DMAE p-Chlorophenoxyacetate on the Life Span of Male Swiss Webster Albino Mice.* Oxford 1973
Hochschild, R.: *Lysomes Membranes and Aging.* Oxford 1973
Holeckková, E./Cristofalo, V. J.: *Aging in Cell and Tissue Culture.* New York 1970
Holliday, R.: „Errors in Protein Synthesis and Clonal Senescence in Fungi“. In: *Nature* 221, 1969, S. 1223–28
Honigfeld, G./Howard, A.: *Psychiatric Drugs.* New York 1972
Hotton III, N.: *The Evidence of Evolution.* Harmondsworth 1973
Hoyle, F.: *Frontiers of Astronomy.* London 1963
Hoyle, F.: *Galaxies Nuclei and Quasars.* London 1965
Hoyle, F.: „Rethinking the Universe“. In: *New Scientist,* März 1972, S. 482
Hoyle, F.: *Astronomy and Cosmology – A modern Course.* San Francisco 1975
Hoyle, F./Wick Ramasinghe, Ch.: „Life Cloud“. In: *Omni,* Februar 1979
Hulten, K. G. P.: *The Machine.* New York 1968
Huxley, A.: *Dreißig Jahre danach oder Wiedersehen mit der wackeren neuen Welt.* München 1960
Huxley, J.: *Man in the Modern World.* New York 1959
Huxley, J.: *New Bottles for New Wine.* New York 1957

Jackson, D. F.: „How Complex are Atomic Nuclei?“ In: *New Scientist* 43, 1970, S. 76
Jaenecke, H.: „Der Prophet des Untergangs“. In: *Stern,* März 1979
Jaspers, K.: *Vom Ursprung und Ziel der Geschichte.* München 1963
Jores, A.: *Um eine Medizin von Morgen.* Bern 1969
Jungk, R./Mundt, H. J.: *Wege ins neue Jahrtausend.* 2. Band. München 1964
Juppe, G.: „Biochemie des Alterns“. In: *Euro Spectra,* März 1973

Kahn, H./Wiener, A. J.: *Ihr werdet es erleben.* Reinbek bei Hamburg 1971
Kant, I.: *Critique of Pure Reason.* New York 1966

Kemeny, G./Rosenberg, B.: „Compensation Law in Thermodynamics and Thermal Death". In: *Nature,* 15. Juni 1973
Kline, N. S.: „The Future of Drugs and Drugs of the Future". In: *Journal of Social Issues* 27, 3, 1971
Koch, E. R./Kessler, W.: *Am Ende ein neuer Mensch.* Stuttgart 1974
Koestler, A.: *The act of Creation.* London 1966
Kohlenberg, K. F.: *Enträtselte Zukunft.* München 1972
Kohn, R. R.: *Principles of Mammalian Aging.* New Jersey 1971
Komarow, L.: „Some Potential Areas for Research on Means of Drastically Increasing the Human Life Span". In: *Journal of Theoretical Biology,* 1963
Komarow, L.: *Die Verlängerung des Lebens.* Moskau 1963
„Knochen unter Strom". In: *Stern* 20, 1979
Krause, Ch. A.: *Die Tragödie von Guayana.* Berlin 1978
„Künftige Geschlechter vor der Geißel des Krieges bewahren". In: *Frankfurter Rundschau* 286, 21. Dezember 1978
Kuprevich, V.: *Longer Life – The Reality of a Dream.* Moskau 1974

Landfield, Ph. W. u. a.: „Effects of Posttrial Hippocampal Stimulation on Memory Storage and EEG Activity". In: *Behavior Biology,* April 1973
Lausch, E.: *Manipulation.* London 1975
Lederberg, J.: „Biological Future of Man. Experimental Genetics and Human Evolution". In: *Bulletin of the Atomic Scientists,* 1966
Levitt, I. M./Cole, D. M.: *Exploring the Secrets of Space.* New Jersey 1963
Lewin, R.: „Starved Brains". In: *Psychology Today,* September 1975
Lewinsohn, R.: *Science Prophecy and Prediction.* Greenwich/Conn. 1962
Liebmann, H.: *Ein Planet wird unbewohnbar.* München 1973
Linden, E.: *Apes, Men and Language.* Harmondsworth 1976
Löbsack, T.: *Der Mensch: Fehlschlag der Natur.* München 1974
v. Loesch, H./v. Nussbaum, H.: *Stehplatz für Milliarden. Das Überbevölkerungsproblem.* Stuttgart 1974
Lorenz, K.: *Die acht Todsünden der zivilisierten Menschheit.* München 1973
Lorenz, K.: *Die Rückseite des Spiegels.* Stuttgart 1979
Lovell, Sir B.: *The Exploration of Outer Space.* London 1962
Luckey, T. D.: *Thymic Hormones.* München–Berlin–Wien 1973

Mansholt, S.: *Die Krise. Europa und die Grenzen des Wachstums.* Reinbek bei Hamburg 1974
Marx, K.: *Selected Writings in Sociology and Social Philosophy.* Harmondsworth 1963
Masters, W. H./Johnson, V. E.: *Die sexuelle Reaktion.* Frankfurt/M. 1967
McGrady, P.: *The Savage Cell.* New York 1964
McGrady, P.: *The Youth Doctors.* New York 1968
McHale, J.: *The Future of the Future.* New York 1969
Meadows, D. H./Dennis, L.: *Das globale Gleichgewicht.* Stuttgart 1972
Medawar, P. B.: *The Future of Man.* New York 1959
Medvedev, Z. A.: „Molecular Aspects of Aging". In: Woolhouse, H. (Hg.) *Aspect of the Biology of Aging.* Cambridge 1967 (Symposia of the Society for Experimental Biology Nr. 21)

Mesarović, M./Pestel, E.: *Menschheit am Wendepunkt. 2. Bericht an den Club of Rome zur Weltlage.* Stuttgart 1974
Miller, J. P.: „The Brain Machines are here". In: *Human Behavior,* August 1974
Minsky, M.: „Artificial Intelligence". In: *Scientific American,* Oktober 1966
Misner, C. W. u. a.: *Gravitation.* San Francisco 1973
Moore, G. E.: *Some Main Problems of Philosophy.* New York 1953
Morgan, G. W.: *The Human Predicament.* Providence/Rhode Island 1968
Morris, D.: *Der nackte Affe.* München–Zürich 1978
Morris, D.: *Der Menschen-Zoo.* München 1972
Murray jun., R. F.: „Problems Behind the Promise: Ethical Issues in Mass Genetic Screening". In: *Hastings Center Report,* April 1972

NASA-Ames Study: *Summer Study on Space Colonization.* Stanford 1975 (Report of the Stanford University)
National Heart and Lung Institute: „The Totally Implanted Heart". In: *A Report by the Artificial Heart Assessment Panel of the above Institute,* Juni 1973

O'Neill, G. K.: „Umzug ins All". In: *Bild der Wissenschaft,* Mai 1976
O'Neill, G. K.: *Power Satellite Construction from Lunar Surface Materials. Testimony before the Subcommittee on Aerospace Technology and National Needs of the Committee on Aeronautical and Space Sciences.* Washington D.C. 1976 (U.S. Government Printing Office, 20 402)
O'Neill, G. K.: „A High Resolution Orbiting Telescope". In: *Science,* Mai 1968
O'Neill, G. K.: „Space Colonies and Energy Supply to Earth". In: *Science,* Dezember 1975
O'Neill, G. K.: *Testimony before the Subcommittee on Science and Application of the Committee on Science and Technology; U.S. House of Representatives.* Washington D.C., Juli 1975 (U.S. Government Printing Office)
O'Neill, G. K.: „The Colonization of Space". In: *Physics Today,* September 1974
O'Neill, G. K.: *The High Frontier.* London 1976
O'Neill, G. K.: „The Low (Profile) Road to Space Manufacturing". In: *Astronautics and Aeronautics,* September 1977
Orgel, L. E.: In: *Proc. U.S. Nat. Acad. Sci.* 49, 1963, S. 517
Orzechowski, G.: „Das Phänomen des Alterns in historischer und molekular-biologischer Sicht, Hypothesen und Folgerungen". In: *Phys. Medizin und Rehabilitation* 1, Januar 1974

Packard, V.: *Die große Versuchung.* Düsseldorf–Wien 1978
Parkes, Sir A.: *Sex, Science and Society.* Newcastle 1966
Paul, R.: „Nicht mit Gold aufzuwiegen (Interferon)". In: *Stern,* 1979
Pauling, L.: „The Process of Aging". In: *Symposia Specialists,* 1974
Pauwels, L./Berger, J.: *Die Entdeckung des ewigen Menschen.* Bern–München–Wien 1970
Peebles, P. J. E.: *Physical Cosmology.* Princeton 1971
Petschull, J.: „Der Meister, der vom Himmel fiel. Auf der Suche nach dem verlorenen Glück". In: *Stern* 4, 1979
Pines, M.: *The Brain Changers.* New York 1973
Polak, F. L.: *The Image of the Future.* Dobbs Ferry 1961

Portmann, A.: „Planung des Zukunftsmenschen? Genetische Planung und Manipulation". In: *Universitas* 2, 1972
Poynter, N.: *Medicine and Man.* Harmondsworth 1971
Priestley, J. B.: *Man and Time.* New York 1964
Pucetti, R.: *Außerirdische Intelligenz.* Düsseldorf–Wien 1970

v. Randow, Th.: „Schwierigkeiten bei der Suche nach dem Übernatürlichen". In: *Die Zeit* 7, 1974
Read, H.: *The Meaning of Art.* Harmondsworth 1931
Rebbi, C.: „Solitonen". In: *Spektrum der Wissenschaft,* Januar 1979
Redgrove, H. S.: *Alchemy. Ancient and modern.* Wakefield 1973
„Rediscovering Einstein". In: *Time,* Februar 1979
Reines, F. (Hg.): *Cosmology, Fusion and Other Matters.* Boulder 1972 (George Gamow Memorial Volume)
Ridpath, I.: *World Beyond.* New York 1975
Robertson, D. H. u. a.: *Endocrines and Aging.* New York 1972
Roggenkamp, V.: „Der Traum von ewiger Jugend". In: *Die Zeit* 3, Januar 1978
Rosen, S.: *Future Facts.* London 1978
Rosenberg, B. u. a.: „Quantitative Evidence for Protein Denaturation as the Cause of Thermal Death". In: *Nature* 232, August 1971
Rosenberg, B.: *The Kinetics and Thermodynamics of Death in Multicellular Organisms.* Lausanne 1973
Rosenfeld, A.: *Die zweite Schöpfung.* Düsseldorf–Wien 1970
Rosenfeld, A.: *Prolongevity.* New York 1976
Rostand, J.: *Humanly Possible.* New York 1973
Russell, B.: *History of Western Philosophy.* London 1961
Ryle, G.: *The Concept of Mind.* Harmondsworth 1949
Sagan, C.: *The Cosmic Connection.* Dunton Green 1974
Sagan, C./Drake, F.: *The Search for Extraterrestrial Intelligence.* Dunton Green 1975
Schataman, E.: *The Origin and Evolution of the Universe.* London 1966
Schaefer, H.: *Folgen der Zivilisation.* Frankfurt/M. 1974
Schenk, R./Bjorksten, J.: „The Search for Microenzymes: The Enzyme of Bacillus cereus". In: *Finska Kemists Medd.* 82, 1973
Schmidbauer, W.: *Evolutionstheorie und Verhaltensforschung.* Hamburg 1974
Schmidbauer, W.: *Homo consumens. Der Kult des Überflusses.* Stuttgart 1972
Schmidt, M.: „Quasi-stellar Objects". In: *Science-Journal,* Oktober 1966 Sciences/USA (Vortragsmanuskript)
Sobel, H.: „When does Human Aging start?". In: *The Gerontologist* 6, 1. März 1966
Sperry, R. W.: „Left-Brain, Right-Brain". In: *Saturday Review,* 9. August 1975
Segal, I. E.: *Mathematical Cosmology and Extragalactic Astronomy.* New York 1976
Sherrington, Sir Ch.: *Man on his Nature.* Harmondsworth 1955
Shock, N. W.: *A Classified Bibliography of Gerontology and Geriatrics.* Stanford 1950
Siebert, H.: *Das produzierte Chaos.* Stuttgart 1973
Sinsheimer, R.: *Forum: Research with recombinant DNA,* 7.–9. 3. 1972, Nat. Acad.
Stapledon, O.: *Last and First Men.* Harmondsworth 1937
Steinbuch, K.: *Falsch programmiert.* Stuttgart 1968
Still, J. W.: „Needed. A Global Scientific Nervous System". In: *The Relevant Scientist,* November 1971

Strehler, B. L.: *Time, Cells and Aging.* New York 1962
Stumpf, H.: *Leben und Überleben.* Stuttgart 1976
„Südpol: 30 Forscher auf der 1. Antarktis-Station". In: *Stern,* 29. März 1979
Sullivan, W.: „A Hole in the Sky". In: *The New York Times Magazine,* 14. Juli 1974

Taylor, E. F./Wheeler, J. A.: *Spacetime Physics* (Library of Congress, Card Number: 65-13566/USA)
Taylor, G. R.: *Die biologische Zeitbombe.* Frankfurt/M. 1972
Taylor, G. R.: *Zukunftsbewältigung.* Hamburg 1976
Taylor, J. G.: *New Worlds in Physics.* London 1974
Taylor, J. G.: *The Shape of Minds to Come.* St. Albans 1974
Taylor, J. G.: *Gauge Theories of Weak Interactions.* Cambridge 1976
Taylor, J. G.: „Hunting the Quark". In: *Science Journal* 4, 1968, S. 61
Teilhard de Chardin, P.: *The Phenomenon of Man.* New York 1959
„The First Test-Tube Baby". In: *Time,* Juli 1978
„The Greening of the Astronauts". In: *Time,* Dezember 1979
Theimer, W.: *Altern und Alter.* Stuttgart 1973
Thruelsen, R./Kobler, J. (Hg.): *Adventures of the Mind.* London 1960
Toffler, A.: *The Future Shock.* London 1971
Traube, K.: *Müssen wir umschalten?* Reinbek bei Hamburg 1978

Ulmer, W.: „Laser als Werkzeug". In: *Bild der Wissenschaft,* Juni 1975
Ungar, G. u. a.: „Isolation, Identification and Synthesis of a Specific Behavior Inducing Brain Peptide". In: *Nature* 238, 1972
Unschuld, P. U.: *Pen-Ts'ao. 2000 Jahre traditionelle Pharmazeutische Literatur Chinas.* München 1973

Valenstein, E. S.: *Brain Control: A Critical Examination of Brain Stimulation and Psychosurgery.* New York 1973
Vester, F.: *Das Überlebensprogramm.* München 1972
Vickers, G.: *Value Systems and Social Process.* New York 1968
„Von den Bäumen". In: *Der Spiegel* 5, 1979

Walford, R. L.: *The Immunological Theory of Aging.* Kopenhagen 1969
Watson, J. D.: *Die Doppel-Helix. Ein persönlicher Bericht über die Entdeckung der DNS-Struktur.* Reinbek bei Hamburg 1971
Weil, A.: *The Natural Mind.* Boston 1972
Weinberg, S.: *Die ersten drei Minuten.* München 1978
Weinberg, S.: *Principles and Applications of the General Theory of Relativity.* New York 1972
v. Weizsäcker, C. F.: *Gedanken über unsere Zukunft.* Göttingen–München 1967
v. Weizsäcker, C. F.: *Der Garten des Menschlichen.* München 1977
Wendt, H.: *Der Affe steht auf.* Reinbek bei Hamburg 1971
Wheeler, H. (Hg.): *Beyond the Punitive Society.* San Francisco 1973
Wheeler, J. A./Ruffini, R.: „Introducing the Black Hole". In: *Physics Today,* Januar 1971, S. 30
Whitrow, G. J.: „Time and Timing. The Astronomical and Historical Development". In: *Die Naturwissenschaften,* März 1979

Wolf, M./Ransberger, K.: *Enzymtherapie.* Wien 1970
Wolstenholme, G. (Hg.): *Man and his Future.* London 1963
Woolridge, D. E.: *Mechanical Man: The Physical Basis of Intelligent Life.* New York 1968
Wuttke-Groneberg, W.: „Medizin und Technik“. In: *Der Spiegel* 5, 1979

Young, J. Z.: *An Introduction to the Study of Men.* Oxford 1974

Zimen, K. G.: „Der Wettlauf mit dem Wachstum“. In: *Universitas* 2, Jg. 29, 1974
Zwicky, F.: *Discovery, Invention, Research.* Toronto 1969.